# 从构思到实践：
# 当代景观设计方法论探究

鞠慧慧◎著

吉林出版集团股份有限公司
全国百佳图书出版单位

图书在版编目（CIP）数据

从构思到实践：当代景观设计方法论探究 / 鞠慧慧著. -- 长春：吉林出版集团股份有限公司, 2024. 7.
ISBN 978-7-5731-5492-7

Ⅰ. TU986.2

中国国家版本馆 CIP 数据核字第 2024YZ5511 号

## 从构思到实践：当代景观设计方法论探究
CONG GOUSI DAO SHIJIAN DANGDAI JINGGUAN SHEJI FANGFALUN TANJIU

著　　者　鞠慧慧
责任编辑　息　望
封面设计　张　肖
开　　本　710mm×1000mm　　1/16
字　　数　180 千
印　　张　11.5
版　　次　2025 年 1 月第 1 版
印　　次　2025 年 1 月第 1 次印刷
印　　刷　天津和萱印刷有限公司

出　　版　吉林出版集团股份有限公司
发　　行　吉林出版集团股份有限公司
地　　址　吉林省长春市福祉大路 5788 号
邮　　编　130000
电　　话　0431-81629968
邮　　箱　11915286@qq.com
书　　号　ISBN 978-7-5731-5492-7
定　　价　69.00 元

版权所有　翻印必究

# 前　言

　　景观设计主要涉及景观的分析、规划布局、景观设计、景观改造、景观管理、景观保护和恢复。

　　景观设计重新审视了人与环境的关系，它依托于园林建造、景观改造和城市规划等。景观设计有着悠久的历史。在人类文明的发展历程中，人们始终致力于构建和美化自己的居住环境。经过漫长的探索，景观设计最终发展成为一门涵盖广泛、贴近实践的学科。这也从一个侧面反映了当前人们对于改善生活环境和提升生活质量的需求越来越高。

　　景观设计学的发展和经济的发展关系密切。随着城市化进程的加快，人们对生存环境和生活品质的要求日益提高，使得景观设计在社会发展中的地位日益凸显。景观设计不仅是美化城市的重要手段，更是促进生态平衡、提升居民生活质量的关键环节，因此受到了前所未有的关注和重视。

　　本书的写作目的是帮助景观设计工作者丰富景观理论认知，建立正确、缜密的设计思维，能够总结和运用科学、合理的设计方法，创造出适宜居住的、高质量的景观环境。

　　本书共分为五章：第一章为景观设计概述，主要阐述了景观设计的概念、景观设计的产生与发展、当代景观设计的现状与发展趋势；第二章为景观设计的基本原理，主要介绍和分析了人、景观、感受之间的关系，景观设计的审美情感特征，景观中的动态特征因素和景观设计的功能性特征；第三章为当代景观设计的方法，详细论述了景观设计的流程、景观设计的构思、景观设计的布局与结构、景观设计的视线与造景；第四章为当代景观设计的艺术手法，包括造景的艺术手法、置石的艺术手法、理水的艺术手法和古典艺术手法的当代应用；第五章为当代不同类型景观设计的实践，具体介绍了城市街道景观设计、城市广场景观设计、居住区景观设计、公园景观设计、滨水带景观设计和其他类型景观设计。

  在撰写本书的过程中，作者参考了大量的学术文献，得到许多专家学者的帮助，在此表示真诚的感谢。由于作者水平有限，书中难免存在疏漏之处，希望广大读者指正。

鞠慧慧

2024 年 1 月

# 目　录

第一章　景观设计概述 ...... 1
　　第一节　景观设计的概念 ...... 1
　　第二节　景观设计的产生与发展 ...... 6
　　第三节　当代景观设计的现状与发展趋势 ...... 13

第二章　景观设计的基本原理 ...... 27
　　第一节　人、景观、感受 ...... 27
　　第二节　景观设计的审美情感特征 ...... 42
　　第三节　景观中的动态特征因素分析 ...... 52
　　第四节　景观设计的功能性特征 ...... 57

第三章　当代景观设计的方法 ...... 63
　　第一节　景观设计的流程 ...... 63
　　第二节　景观设计的构思 ...... 66
　　第三节　景观设计的布局与结构 ...... 73
　　第四节　景观设计的视线与造景 ...... 88

第四章　当代景观设计的艺术手法 ...... 93
　　第一节　造景的艺术手法 ...... 93
　　第二节　置石的艺术手法 ...... 100

  第三节　理水的艺术手法 ……………………………………… 103
  第四节　古典艺术手法的当代应用 ……………………………… 107

第五章　当代不同类型景观设计的实践 …………………………… 113
  第一节　城市街道景观设计 ……………………………………… 113
  第二节　城市广场景观设计 ……………………………………… 121
  第三节　居住区景观设计 ………………………………………… 136
  第四节　公园景观设计 …………………………………………… 147
  第五节　滨水带景观设计 ………………………………………… 167
  第六节　其他类型景观设计 ……………………………………… 170

参考文献 ………………………………………………………………… 175

# 第一章 景观设计概述

景观设计是一项多因素、多功能的设计，它的要素包括自然景观要素和人工景观要素。它与规划、生态、地理等学科交叉融合，在不同的学科中具有不同的意义。本章内容为景观设计概述，主要包括景观设计的概念、景观设计的产生与发展、当代景观设计的现状与发展趋势。

## 第一节 景观设计的概念

### 一、景观设计的基本含义

景观设计是从科学和艺术的视角出发，对人类与自然之间的关系进行研究，以实现人类与环境的和谐与协调，实现可持续发展为根本目标所进行的空间设计和空间规划行为。景观设计的对象是景观，目的也是景观，景观作为一种设计活动，产生于社会发展之中，主要是借助科学合理的手段，如整合、规划将景物转化为另外一种更美好、更和谐的景物。景观设计是人类持续探索理想居住环境的过程，随着时间的推移，已发展成为专门学科。

"景观设计"一词最早见于英国孟松氏（Laing Meason）1828年所著《意大利景观设计论》（《The Landscape Architecture of the Painters of Italy》）一书，后来美国景观设计师奥姆斯特德（Olmsted）及其追随者霍勒斯·克利夫兰（Horace Cleveland）等人于1901年在哈佛大学开设了景观设计学课程。

与历史上的造园学相比，景观设计在概念上有了较大的发展。随着人们对自然和自身认识的不断提高，景观设计的概念不断发展，但它的重点始终是关注人类与自然之间的和谐关系。当前,景观设计已不再处于展现个人创意的初级阶段,而是一个立足于未来的学科专业。景观设计研究者认为景观和土地都是资源,应该在从事设计和规划的时候统一考虑自然、生态以及社会行为等,在人与自然之间建立和谐的关系,也就是我国古代所推崇的"天人合一"的关系。

现代景观设计是在继承东西方古代造园学理论的基础上,为了改善现代人类社会进程中面临的环境问题而逐渐形成的一门新的学科。景观设计学作为一种应用学科,建立在自然科学和人文与艺术学科基础上,是关于景观的分析、景观的设计、景观的规划布局、景观的改造、景观的管理、景观的保护和恢复的科学与艺术。在景观设计中尤其强调对于土地的设计,也就是理性分析人类户外空间问题,对土地问题进行合理分析,并且对设计的构思进行实现。

## 二、景观设计的相关概念

要想对景观设计这一概念有更深入的了解,我们先要了解几个与其密切相关的概念。

### (一)景观

根据文献记载,"景观"一词最早出现在希伯来文版的《圣经》之中,在该记载中,景观主要用来描述所罗门寺庙、城堡、宫殿等耶路撒冷这一圣城的美景。景观作为一个科学名词在19世纪初被德国地理学家、植物学家引入地理学。对于景观最早的含义,不管是在西方文化中,还是在东方文化中,最初都包含视觉美学的意义,与"风光""景色""风景"等词基本同义。景观在地理学领域有了新的引申义,为一个区域的总体特征。它更加科学化,对于人与自然的关系更为关注,也开始关注生态发展的特点。

人类在发展的过程中一直对外在的环境进行改造,环境也对人有所影响。景观在人与环境的相互作用中也出现了变化,具有了时间性和动态性的特点,在此景象下,地表景物会受到人类意识形态的影响而具有了人文性和历史性的特点。

除此之外,景观还具有生态性,这也成为环境朝着良好方向发展的重要基础,是实现动态发展的基础。在景观生态性中，最核心的问题是在对外在景物进行改造的基础上，对人与自然、人与人的关系进行和谐处理。在进行景观设计时，这也是需要重点考虑的问题。

景观在一定程度上可以被认为是自然地表景物和人工地表景物，具有审美特征，是地表在自然过程和人类活动作用下产生的综合体，是不断发展和变化的，具有可持续发展的特征。景观既包含可以被感知的、客观存在的外在事物，也包含各个层级上的景观系统关系，还包含蕴含在景观系统关系中的文化意义。现代景观的概念涉及多个领域，不仅包含地理、园林、建筑、生态，还包含文化、艺术、美学、哲学等。

### （二）景观环境

城市景观作为一个生态系统，几乎包含所有生态过程，成为城市生态学的研究对象。景观是自然过程与人类活动在土地和土地上的空间中留下的烙印，是一个综合体。

### （三）景观建筑

景观建筑是将天然和人工元素设计并统一的艺术和科学。景观建筑师运用天然的和人工的材料——泥土、水、植物、组合材料，创造各种用途和条件的空间。

### （四）景观美学

在进行景观设计的时候，我们首先应该关注的是美观方面的要求。在景观设计中，景观视觉形象设计是重要的组成内容，反映了人们对美好事物的追求。那么，美的景观是什么类型的呢？对于景观的美学内容，人们一般在景观的对称均衡、节奏韵律等美学基本原则上进行判断。蕴含在这些表层的造型法下的是更深层次的如时间、场地、生态等决定性因素。作为美学的分支，景观美学主要对景观美的构成与特性进行研究，其所涵盖的范围非常广，实现了对美学基本原理的运用。与此同时，景观美学包含很多学科，如艺术学、地理学、生物学、民俗学、建筑学、心理学等。

在生活中，人们对美充满了渴望，特别是古人，常寄情于山水。在古代，景观、造园、绘画并未完全分开，因此造园家与文人、画家可以结合在一起，对诗与画的传统表现手法进行合理运用，在园景创作上引用诗画作品描绘意境情趣。造园家在对古典园林进行设计的时候非常注重师法自然，为了营造出淡泊、恬静的意境，以及表现出自然、含蓄的艺术特色，会借助亭台楼阁、山石、水系、植物花卉等景观，实现各种观赏效果，如移步换景、小中见大等。在现代景观设计中，为了建造出更加美妙和宜人的空间，人们也对各种景观空间手法进行合理、科学的使用。从古至今，人们一直在追求美，从古代的园林设计到现代的景观规划，都展现出人们对美的不懈探索。随着时间的推移和社会文化的变迁，我们对美的理解和评判标准也在不断演变。在景观美学中，这种时间性因素也是需要重点考虑的内容。审美的差异性一直存在，在现代景观设计中也是如此，每个人有着不同的美的认知以及审美标准，基于此，景观美学研究应该针对大众标准的审美特点，以具备较强的适用性。社会群体具备的共有的审美认知和审美习惯在景观美学研究中会比个体的审美差异更加重要。在美的认知上，不仅具备个体上的差异性，还具有地区性的差异特点。人们在不同的地域环境中生活，就产生了不同的风俗习惯以及传统文化。生活方式不同，使得人们的审美标准和审美观念也出现了不同。因此，在研究景观美学时，必须考虑地域性特征。在景观设计中，设计师需要充分理解视觉美学的复杂性，根据具体情况和时机做出恰当的调整，避免简化和统一化处理。

**（五）景观生态学**

生态是指所有生物在其生活环境中相互作用的状态和关系，也就是生物的生存状态。在设计景观时，我们必须充分考虑生态性要求，确保其长期发展。

1939年，德国地理植物学家C.特罗尔首次提出"景观生态学"一词。景观生态学作为一门学科在20世纪60年代生成于欧洲。在欧洲传统的景观生态学研究早期阶段，其主要内容为土地利用规划和决策，为区域地理学和植物科学的综合。20世纪80年代，景观生态学成为一门学科，并成为景观设计学的重要组成。生态学也因为景观生态学的出现有了新的思想和研究方法。

景观生态学是生态学的新分支，研究范围是较大地区内多个不同生态系统的整体空间结构，以及各个不同系统之间的相互作用、动态变化。景观是由地球表面上的自然因素、生物因素和人类活动交互而成的复杂生态系统。景观生态学研究的焦点是整个景观，强调不同生态系统之间的相互作用、保护与管理大区域生物种群、资源可持续利用，以及景观中人类活动的影响等内容。景观生态学对景观这一客体进行研究的时候采用的观点和方法都是生态学的观点与研究方法，在对景观进行综合分析的基础上对景观的动态变化进行研究，对景观相互作用时的物质循环与能量交换进行研究，对系统的演变过程进行探究。换句话说，景观生态学主要研究的是土壤、植被、水文、气候等因素构成的生物生存环境以及各个因素之间的动态关系。我们在对景观进行设计的时候，应该综合考虑景观中蕴含的各种生态要素，用生态学的观点对景观设计的结果进行评价。

### （六）环境心理学

我们可以将景观设计看作人类自我认识的一个过程。人类一直在探索自身与周围世界的互动方式，并持续地利用和改变环境；人的行为也受到周围环境的影响，这也会影响人的思想观念与意识形态。它们相辅相成，同步进行，处于同一个过程之中。人与外部环境之间存在密切的联系，在改变外部环境时，我们需要考虑到人的行为心理特征。环境心理学的主要使命和基本任务是探索个体行为心理与外部环境之间的互动关系。

环境心理学明确提出人对"复杂性"的偏爱。20世纪70年代前后，心理学和环境心理学研究发现人们更喜欢复杂的刺激，并且在此基础上提出了复杂刺激会存在不同的组织状况：一是多种刺激无组织的、随机混合的复杂性，二是有组织的、以一种刺激为主的复杂性，三是以上两者混合出现的协同复杂性。由此可见，复杂的环境体验包含感知者与复杂环境的关系。

在设计活动中，环境心理学对其具有指导作用。环境心理学在景观设计中的应用使越来越多的人开始关注人的存在，要求空间环境为人服务，体现人文关怀和人本理念。

然而，人的行为心理并非一致，每个人有着不同的生活经历、知识结构以及受到不同的文化熏陶，导致了人的行为心理的差异性。考夫卡是著名的格式塔心理学家，他认为世界是心物的，经验世界与物理世界不一样。心理场是指观察者对现实的知觉观念，物理场是指被观察者知觉的现实，两者并不是完全匹配的，相互交织在一起形成的心物场是人类的心理活动。同一环境在不同的人或团体的感知下，会带来不同的体验，这就是所谓的心理空间。

在面对相同的环境时，不同的人会有不同的心理和行为反应。因此，在进行设计的时候，我们应该对环境中的使用者进行充分研究，对使用者的行为心理以及个体心理差异进行了解，以此保证设计的针对性和科学性，为人们呈现不同的模式，而非固定模式。每一种类型的景观面对着不同的人群：有些景观类型的使用人群相对来说是固定的，如在一些专属性环境空间，有着相对固定的人群，其有着相似的生活方式以及行为习惯，在进行景观设计的时候应该分析和研究此类人群；有些景观类型有着较为复杂和流动性强的使用人群，他们的需求可能会随着时间和情况的不同而发生变化。因此，在设计时需要充分考虑人类的行为和心理，以满足各种不同的需求。

## 第二节　景观设计的产生与发展

在原始社会，人类几乎完全处于被动地接受和依赖大自然恩赐的地位，主动利用和改造自然的能力极其有限，无针对景观的能动行为可言。景观设计的发展是从农业时代开始的，纵观其发展历程，可以概括为农业时代、工业时代和后工业时代三个发展阶段，如表1-1所示：

表 1-1　景观设计发展的三个时代

| 序号 | 社会时段（特点） | 服务对象 | 主要创作对象 | 指导理论和评价标准 | 园林专业人员及代表人物 | 代表作 |
|---|---|---|---|---|---|---|
| ① | 农业时代（小农经济） | 以帝王为主的少数贵族阶层 | 宫苑、庭院、花园 | 唯美论，包括西方的形式美和中国的诗情画意，同时强调工艺美和园艺美 | 艺匠、技师，如中国的计成、法国的雷诺、英国的布朗等 | 中国的皇家园林和江南的文人山水园林、法国的雷诺式宫苑、英国的布朗式风景园等 |
| ② | 工业时代（社会化大生产） | 广大城市居民 | 公园绿地系统 | 以人为中心的再生论。绿地作为城市居民的休闲和运动空间，作为城市的肺，强调覆盖率、人均绿地等指标 | 美国的专业景观规划设计师奥姆斯特德 | 美国纽约中央公园、波士顿的"蓝宝石项链"等 |
| ③ | 后工业时代（信息与生物技术革命，国际化） | 人类和其他物种 | 人类的家，即整体人类的生态系统 | 可持续论。强调人类发展和资源及环境的可持续性，强调能源与资源利用的循环和再生性、高效性，生物和文化的多样性 | 作为协调人类文化圈与生物圈综合关系的指挥家，如麦克哈格等 | 美国东海岸的一些生态规划、欧洲的景观生态规划等 |

# 一、农业时代（景观设计的开始和发展期）

农业时代大致相当于奴隶社会和封建社会时期，是一段漫长的历史发展时期，此时的人类进入以农耕经济为主的历史发展阶段，景观设计（传统意义上的造园或园林艺术）活动在此时真正地拉开了历史发展的序幕。人类从被动地接受和依赖大自然的恩赐，到主动利用和自觉开发自然资源，并渐渐走向成熟，经历了漫长的历史发展时期。农业时代生产力得到进一步发展，人们在逐步了解和认识大自然的同时，大力开发土地资源，包括逐步开发出大量的耕作农田、兴修水利灌溉工程以及开发矿山资源等。人们日出而作，日落而息，充分享受着通过自己艰苦劳作而创造的田园美景。例如，我国文字中的"囿"和"圃"两个字，极其形象地反映了中国园林的最早发展过程。

生产力的发展必然导致生产关系的改变，生产关系的改变也必然导致阶级的产生和国家及政权的出现。由此，大小国家和城池在长期的征战中慢慢地建立起来。帝王及少数贵族阶层为了自己的利益，为了加强统治地位，不断地扩张地盘，并进一步扩充自己的势力。为了展示他们的财富以及满足他们的物质和精神需求，一些少数贵族阶层积极参与园林景观的设计，推动了世界园林艺术的发展。

从园林艺术的萌芽，直至逐步走向成熟，同样经历了一个漫长的历史发展过程。从整个世界来看，中西方的时代发展特征有着惊人的相似性。园林艺术随着国与国的交往、人与人的交流，在借鉴中彼此影响与发展，逐渐形成地方特色、民族风格和时代特征。

在农业时代，一个贵族阶层依靠小农经济生活，他们通过欣赏自然的美和农耕景观中的美丽景色来唤起再现美和创造美的愿望，从而形成山水和田园艺术。园林艺术中包含山水画和田园诗，在此时，景观和风景可以被视为同一概念，即中国的"山水"，它是从视觉美感角度而言的，并且主要受众为少数贵族，创作的地点通常是围墙内的花园和院落。当然，园林的规模大小取决于园林主人的财力情况。在园林创作中，主人的作用比园林师更为重要，因此有"七分主人，三分匠"的说法。园林师是技艺高超的工匠，通常只是在皇帝和贵族的指示下工作，没有独立的思想。在世界范围内因为全球景观的空间分布的差异性和适应自然的农业活动，使得以景观美为宗旨的园林风格在不同的空间上出现不同的审美标准，包含中国园林的诗情画意和西方园林的形式美。尽管存在不同之处，圆明园和凡尔赛宫这几乎同一时代出现的中西方园林的代表，都展现出了优雅美丽的特色。

尽管贵族阶层不再从事农耕，但仍保留着小农意识，如领地意识、庄稼意识、好农人（牧人）意识、炫耀意识等。首先，领地意识在园林中表现为园林中的围墙和篱笆的出现。其次，庄稼意识，不是庄稼的都是杂草，要除去杂草，消灭害虫。

再次，好农人（牧人）意识注重精耕细作，追求园艺的卓越，在园林景观中体现为整齐修剪的绿篱和精心设计的花坛等。最后，炫耀意识重视外观、形象和社会地位，讲究排场。

处于农业时代的园林艺术是以私有化为基础的，这是与现代景观设计中所具有的公共性特征的最大区别。对于私有化园林的占有者来说，其不会对社会以及整体环境的发展问题过度关注，在对园林进行建造的过程中必然会对自然环境产生一定的不利影响，会对自然造成破坏，但由于这一时期的生产技术条件相对低下，所以在漫长的岁月里并未造成严重的不良后果。

## 二、工业时代（景观设计的确立期）

这一阶段始于18世纪中叶，以英国的工业革命为源头，并很快影响到其他国家，进一步促成许多国家工业文明的崛起，逐步由农业社会过渡到工业社会。同时，大规模工业生产导致社会巨大变革，其中包括工人阶级的兴起。城市居民不再局限于贵族和仆从，其他城市居民也能共同感受自然与农耕景观的美丽。更为重要的是，城市居民需要一个可以进行身心放松的地方。园林专业的创作以公园和休闲绿地为设计对象，旨在创造美丽的环境，促进城市居民身心健康发展。

工业革命的兴起为创造丰富的物质财富提供了条件，科学技术的飞速发展和大规模的机器生产方式为人们向大自然索取资源提供了更为有效的手段。然而有因必有果，自然环境被破坏的恶性循环状态随之出现了，如水土流失、植被大幅度减少、空气污染、全球气候变暖、自然生态系统失衡，以及城市人口膨胀、人居环境恶化等。20世纪中叶以后，这种情形在西方一些相对发达的国家中更为显著。

这些情况引起了当时的规划师和造园师的高度重视，基于工业化带来的种种问题，人们开始探索解决城市环境诸多矛盾的办法。为了根治"城市病"，一些有识之士开始对城市和工业化进行质疑和反思，寻求解决的办法，很多著名的城市建设理论应运而生。现代意义上的景观设计，即在大工业化和城市化背景下兴起的景观设计。

在这期间，保护及进一步改善自然环境的主张和策略相继出现。奥姆斯特德便是先驱者之一。1865年，奥姆斯特德开设了美国首家职业景观设计事务所。此前，他与C.沃克斯一起策划和完成了纽约市中央公园的设计。作为公共场所，纽约城市公园为市民游览、娱乐创造了条件，它是世界上最早的城市公园之一。奥姆斯特德强调以景观规划为中心，坚持把自己从事的事业称为"景观规划设计"，以区别于农业时代的"造园"，同时称自己为"景观规划设计师"。不仅如此，奥姆斯特德还热衷于景观教育事业，他于20世纪初在美国哈佛大学创办了景观规划设计专业，目的是真正服务社会，培养出具有划时代精神的现代职业景观设计师队伍，同时为景观设计事业的良性发展打下坚实的基础。奥姆斯特德给当时乃至后来的人们树立了榜样，他与拥有相同观点的设计师合作，通过实际行动对市民进行观念上的引导，使他们对人类赖以生存的自然环境形成正确的认识，使公园、道路、学校、居住区等公共场所和城市景观在规划与设计中获得长久发展。

奥地利城市规划师米罗·西特强调城市公园对于城市空间健康发展具有重要作用；公园绿地是城市保持生态平衡不可缺少的元素，是城市的"肺"。"田园城市"的理论由埃比尼泽·霍华德提出，其在著作《明天——一条引向真正改革的和平道路》中还提出新的设想——"花园城市"。在《明日的花园城市》中，他指出城市的生长是有机的，所以在最开始就应该控制人口的密度、城市的面积以及居住密度，要在城市中配备更多的公园和私人园地，并且在城市的周围要有永久性的农田绿地，以此实现城市与郊区的结合，使城市如同一个有机体，能够协调、平衡、独立自主地发展。另外，勒·柯布西耶提出"光明城市"理论，他在著作《明日的城市》（1912年发表）中提出一个人口约300万的"现代城市"的方案，城市应该按照功能进行划分，对于传统的同心圆式布局进行改变，使用简单的几何图形的方格网加放射性道路系统实现替代，对于霍华德的水平式花园城市进行改造，使用现代化设施，如高层建筑和多层交通等，以此适应"机器时代的社会"的发展。工业革命后，传统的造园已经明显不能满足城市环境发展的需要。美国率先开始大兴城市园林化，欧洲并起，实行街道、广场、公共建筑、校园、住宅区的园林一体化建设，并建立了各种自然保护区。

中国虽然没有出现类似西方国家那样轰轰烈烈的工业革命，但是随着社会的发展，城市空间结构也发生了重大变化。中国古典园林为迎合当时士大夫阶层的审美需求，发展出一整套小景处理的高超技巧，但由于过分着力于细微处，只适合极少数人细细品味、近观把玩。正是受这种极其细腻的审美心理的支配，中国古典园林只能成为经典的园林观赏品。所以，我国的现代园林设计顺应时代特点，在内涵和外延上得到极大丰富，并逐渐发展成现代景观设计。

如果说农业时代的园林艺术是由附属于少数贵族阶层的工匠、文人和艺术家设计完成的，那么，工业时代的景观设计则应主要归功于具有独立人格的职业景观设计师的出现，这是工业时代景观设计发展过程中的重要标志，在一定程度上反映出真正为广大人民服务的、具有公共性特征的景观设计开始走上人类历史的舞台。

## 三、后工业时代（景观设计的繁荣期）

后工业时代是指第二次世界大战之后至今。第二次世界大战之后，不管是西方的工业化发展，还是城市化发展，都逐渐走向发展高峰。在当前的景观研究中，其研究对象已经实现拓展，拓展到大地综合体，由多个生态系统组成，是人类文化和自然生态系统交互产生的复杂整体。景观设计师必须处理跨越不同空间尺度的文化圈与生物圈之间的关系，这是一个亟须解决的问题。

伊恩·伦诺克斯·麦克哈格（Ian Lennox McHarg，1920—2001）首先扛起生态规划的大旗，他的《设计结合自然》阐述了人与自然不可分割的依存关系。麦克哈格提出一种全新的土地规划方法，不再简单地按照功能区域划分，而是强调土地应根据自然特征和适宜性进行规划。基于因子分层分析和地图叠加技术，他开发了一种被称为"千层饼模式"（Layer-cake model，1981）的规划方法。在过去的半个世纪中，在生态学与人类活动之间，遵从自然的设计已经为二者建立起桥梁。

然而，在很短的时间内，人们就发现千层饼模式具有的弊端。首先，这种模式过于强调某一个景观单元内的垂直过程，也就是考虑地质、水文、土壤、植被、动物与人类活动及土地利用之间的关系，侧重点在于景观单元之间的生态流程，并未对水平生态过程有所重视。其次，在千层饼模式中，侧重点在于对人类活动和土地利用规划的自然决定论的强调，在规划中不是对自然过程的认识就是对自然过程的适应，但是在现实情况下，这都是没办法实现的，景观规划过程不是自然决定论的过程，其是一个可辩护的过程，决策者的行为在规划中扮演着重要角色，尤其我们，应该考虑到自然环境已经被人类划分并深受人类影响。

人们对景观生态学在发展中有着越来越深的认识，并且对于水平生态过程的研究逐渐深入，强调景观格局与水平生态过程之间的相互关系，对于多个生态系统之间的空间格局进行研究，同时研究各个生态系统之间的关系，具体包含物质流动、物种流、干扰的扩散等，所用模式为基本模式，即"斑块—廊道—基质"，以此对景观进行分析和改变，并以此为前提和基础产生景观生态规划模式。以决策为中心的规划模式和规划中的可辩护性思想在一定程度上推动了现代景观规划理论的发展，使得自然决定的规划重心回归到以人为中心的规划基点之上，以此最大限度地实现对人与环境的关系以及不同土地利用之间关系的协调，对人类和其他生物的健康进行保护，促进可持续发展。

基于此，景观规划师在该时代扮演的是协调者的角色，也是指挥家的角色，人类和其他物种是其服务的对象，景观综合体是其研究对象和创作对象，其指导思想具体包含人类发展的可持续论、整体人类生态系统科学。景观规划设计应该着眼于人类的生存与发展，对人类生活环境进行保护与完善，站在整个生态系统的角度找到适合不同物种生存的良性循环体系。

随着时代的发展，景观设计逐渐发展为一门独立的专业。景观规划和景观设计是景观设计学的两个细分专业。所谓景观规划，就是基于对自然和人文过程的认识，在较大尺度范围内对人与自然关系进行协调的过程。换句话说，为了达到某些使用目的，选择最合适的地方，以及在特殊的地方实现最为科学的土地利用，景观设计就是我们对于这个特定地方进行设计。

综观国外的景观设计专业教育，其非常重视多学科的结合，既包括生态学、土壤学等自然科学，也包括人类文化学、行为心理学等人文科学，最重要的是必须学习空间设计的基本知识。这种综合性进一步推进了学科多元化的发展。

景观设计学与非常多的学科有紧密的联系，涉及建筑学、环境艺术、城市规划、市政工程设计等学科。土地和人类户外空间问题是景观设计学重点关注的问题。景观设计与现代意义上的城市规划有所不同，主要不同在于景观设计是规划和设计物理空间，其中涵盖规划设计城市与区域的物质空间，城市规划的侧重点在于社会经济和城市的总体发展计划。景观设计师只有对自然系统和社会系统的知识都有所掌握，保证对人与自然的关系可以进行协调，才能使设计出的城市实现人地关系的和谐。

在景观设计学中，我们对于问题应该综合和多目标地去解决，并非仅解决工程问题。在对问题进行综合解决的过程中，需要各个市政工程设计专业的积极参与和配合。景观设计学也不同于环境艺术，其侧重点在于解决问题时采用综合的方法，对物理空间的整体设计非常关注，在理性和科学分析的基础上对问题进行解决，并非仅依靠设计师的艺术创造与艺术灵感。

## 第三节　当代景观设计的现状与发展趋势

### 一、当代景观设计的现状

#### （一）中国景观设计的现状

尽管小规模的园林设计实践在中国已经有几百年的历史，但景观设计学作为一门独立的规划设计学科在近十几年才逐渐形成。改革开放以来，中国的景观设计发生很大变化，很多国外的设计理念、思维方法被中国人接受和应用。

近年来，随着经济的发展、社会理念及教育的进步，中国开始在城乡规划建设方面大规模投入，城市整体面貌有了很大改观。"景观设计"一词大为流行，似乎已成为城市规划建设的一个重要标签。景观设计越来越受到欢迎和重视，是社会经济发展的必然结果，是人们日益重视环境品质的直接体现。

1.景观设计与生态环境理念相结合

中国高度重视景观规划设计工作，始终坚持将景观设计与生态环境紧密结合，以推动城市环境的持续改善。在这一过程中，景观设计工作对于促进城市生态建设的发展起到举足轻重的作用。目前，中国城市园林生态景观规划正朝着科学规划、综合布局、全面协调的方向稳步前进。同时，现代城市景观规划设计工作正逐步与城市经济、社会功能、生态环境等关键要素深度融合，共同推动城市的可持续发展。

2. 景观规划理念逐步完善

在现代城市建设中，景观设计被赋予更高的使命与责任。它必须遵循可持续发展的核心理念，站在长远城市规划的战略高度，确保满足城市未来生态发展的迫切需求。这就要求城市景观规划不仅要具有前瞻性，还要具有战略眼光。作为承载城市文化的重要载体，景观的规划设计更需深入挖掘地域历史文化的独特魅力，精心展现历史文化的风采与底蕴，从而实现地域文化脉络的传承与延续。在此过程中，我们还应注重就地取材，巧妙地将地方文化与传统文化融入景观设计之中，使其成为城市文化的重要组成部分。

3. 注重景观的实用价值

当前，中国城市景观设计正逐渐将重点转向实用价值。为确保景观设计与城市整体发展的协调性，必须从宏观角度对景观设计进行深入研究，充分考虑城市的地貌、气候等因素，合理规划园林布局。在设计过程中，还须紧密结合城市的功能布局、绿地建设实际需求和居民的休闲娱乐需求，以丰富景观的多样性和实用性，进而提升其在城市建设中的综合影响力，彰显城市景观设计的独特魅力。同时，现代景观设计应关注成本控制，坚持实用主义原则，科学合理地配置植物，力求在保障景观质量的同时，降低使用与维护成本，实现经济效益与社会效益的双赢。

（二）西方景观设计的现状

社会的政治、经济、文化状况对西方现代景观的产生和发展有着深刻的影响。19世纪中叶至20世纪20年代初，产业革命改变了社会生产和生活方式，这一时期是西方现代园林的探索期。园林的内容和范围大大拓展，不仅是家庭生活的延伸，还肩负着改善城市环境，为市民提供休憩、交往和游赏场所等使命。这是园林设计领域一场空前的变革。

20世纪20年代至60年代，社会和经济的稳定和繁荣使西方现代景观迎来了蓬勃发展期，各国的景观设计师结合各国的传统和现实，形成了不同的流派和风格。虽然现代景观在各个国家表现各不相同，但是普遍具有一些有代表性的"现代主义"思想，包括反对模仿传统的模式、设计追求空间而非图案和式样、将人的使用作为功能主义目标、构图原则多样化、建筑和景观的融合。

20 世纪 60 年代以后，经济、社会、文化的危机和动荡促使西方景观设计开始了反思与转变。西方现代景观在原有的基础上不断进行调整、修正、补充和更新，进入多元化发展期，设计新思潮层出不穷。一些人向科学的方向发展，关注景观的生态意义；另一些人向艺术的方向发展，关注景观与艺术的结合；还有一些人则致力于生态与艺术的结合。

1. 现代艺术、现代建筑的影响——设计形式源泉

现代艺术为现代建筑和现代景观提供了可借鉴的形式语言。从 20 世纪初开始的立体主义、超现实主义、风格派、构成主义，到 20 世纪 60 年代的大地艺术、波普艺术、极简艺术等，都为景观设计师提供了丰富的设计语汇。美国景观设计大师彼得·沃克（Peter Walker）的许多作品都受到极简艺术的影响，其中最富极简主义特征的无疑是哈佛大学中的泰纳喷泉（图 1-1）。喷泉本身简洁的形式使它在繁杂的环境中表达了对自身的集中强调，同时形成了丰富多彩的景观体验，随时间、天气、季节而变化。

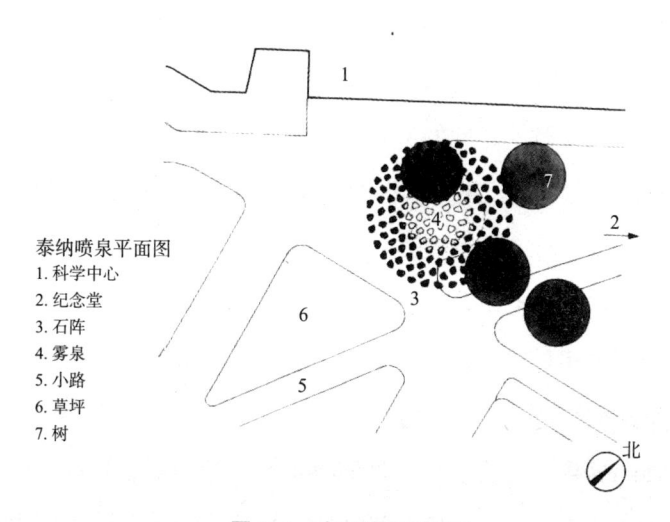

泰纳喷泉平面图
1. 科学中心
2. 纪念堂
3. 石阵
4. 雾泉
5. 小路
6. 草坪
7. 树

图 1-1　泰纳喷泉平面图

沃克的妻子玛莎·施瓦茨（Martha Schwartz）也是一位著名的景观设计师，由于有长达十年的艺术学习背景，玛莎的作品充满独特的艺术气息，并且不断变化。在公共项目中，由于功能、法规、资金等的限制，她的作品更多地表现出极简主义或后现代主义的特征，如纽约亚克博·亚维茨广场和明尼阿波利斯市联邦法院大楼前广场；在一些私家场地或实验性的景观中，她的作品具有更加大胆的构图和色彩，以及诙谐、讽刺的特点，如她为自己在波士顿的家设计的面包圈花园。在现代建筑思想的推动下，空间成为现代景观设计思想的主要因素。

20世纪70年代以后，建筑界的后现代主义和解构主义思潮又一次影响了现代景观设计。查尔斯·摩尔设计的美国新奥尔良市意大利广场是一个典型的通过概念的转换、错置、重组而成的后现代主义符号拼贴作品。

著名的巴黎雪铁龙公园设计体现了严谨与变化、几何与自然的结合特征，把传统园林中的一些要素用现代的设计手法重新组合展现，体现了典型的后现代主义设计思想。建筑师屈米设计的法国巴黎拉维莱特公园是解构主义景观设计的典型实例，他把公园的要素通过"点""线""面"来分解，各自组成完整的系统，然后又以新的方式叠加起来。三层体系各自以不同的几何秩序来布局，三者之间形成了强烈的交叉与冲突，构成矛盾。

2. 生态与艺术的融合——后工业景观

传统观念认为，注重生态的景观设计通常淡化对艺术性的追求，而强调艺术性的景观设计往往减少对生态性的考虑。其实，生态与艺术之间并不存在不可调和的矛盾，随着社会的发展，越来越多的景观设计师开始关注并实践二者的结合，涌现不少成功案例，以后工业景观最具代表性。

后工业景观伴随着后工业时代的到来而登上历史的舞台。1972年设计的美国西雅图煤气厂公园是用景观设计的方法对工业废弃地进行再利用的先例，它在公园的形式、工业景观的美学文化价值等方面都产生了广泛的影响。

后工业景观的另一个经典实例是德国鲁尔区北杜伊斯堡景观公园，它的设计体现了生态与艺术的完美融合。设计师彼得·拉茨（Peter Latz）用生态的手段处理污染严重的工厂区域；尊重场地景观特征进行最小化干预，对原有工业设施及废弃材料进行最大化的保留与利用，现状植被得以保留，水可以循环利用。北杜伊斯堡公园也被认为是拉茨运用结构主义设计景观的代表作之一，从公园标志之一由废弃铁板铺装而成的"金属广场"可以看到极简主义艺术风格的影子；而公园中地形的塑造、工厂中的构筑物，甚至是废料等堆积物，都可以归纳为大地艺术作品。

后工业景观设计不仅是改变一块土地的贫瘠与荒凉、保留部分工业遗迹，也不仅是生态、艺术等处理手法的运用，最终目的是通过这些改造，为工业衰退带来的社会与环境问题寻找出路，实现环境更新、生态恢复、文化重建、经济发展等多重目标。景观设计在整个后工业社会更新重建的过程中地位极其重要，应该成为强大的催化剂，实现场地活力与景观的复兴，带动周边地区的再发展。

## 二、当代景观设计的发展趋势

### （一）生态景观设计

景观与城市的生态设计伴随着工业化的进程和后工业时代的到来而日益清晰，反映了人类的一个新梦想，一种新美学观和价值观：人与自然真正的合作与友爱的关系。

参照西姆·万德瑞（Sim VanderRyn）和斯图亚特·考恩（Stuart Cowan）的定义：任何与生态过程相协调，对环境的破坏影响达到最小的设计形式都称为生态设计。这种协调意味着设计尊重物种多样性，减少对资源的剥夺，保持营养和水循环，维持植物生长环境和动物栖息地的质量，有助于提高人类及生态系统的健康水平。

与常规设计相比，生态设计在对待许多设计问题上有其特点，如表 1-2 所示。景观的生态设计不是一种奢侈，而是必须；生态设计是一个过程，而不是产品；生态设计是一种伦理；生态设计应该是经济的，也必须是美的。

表1-2 常规设计与生态设计之比较

| 问题 | 常规设计 | 生态设计 |
| --- | --- | --- |
| 能源 | 消耗自然资本，基本上依赖不可再生的能源，包括石油和核能 | 充分利用太阳能、风能、水能或生物能 |
| 材料利用 | 过量使用高质量材料，使低质材料变为有毒、有害物质，遗存在土壤中或释放 | 循环利用可再生物质，废物再利用，易于回收、维修、灵活可变、持久 |
| 污染 | 大量，泛滥 | 减少到最低限度，废弃物的量与生态系统的吸收能力相适应 |
| 有毒物 | 普遍使用，从除虫剂到涂料 | 非常谨慎地使用 |
| 生态测算 | 只出于规定要求而做，如环境影响评价 | 贯穿于项目整个过程的生态影响测算，从材料提取，到成分的回收和再利用 |
| 生态学和经济学的关系 | 视两者为对立，短期眼光 | 视两者为统一，长远眼光 |
| 设计指标 | 习惯、舒适，经济学的 | 人类和生态系统的健康，生态经济学的 |
| 对生态环境的敏感性 | 规范化的模式在全球重复使用，很少考虑地方文化和场所特征，摩天大楼从纽约到上海如出一辙 | 因生物区域不同而有变化，设计遵从当地的土壤、植物、材料、文化、气候、地形，解决之道来自场地 |
| 对文化环境的敏感性 | 全球文化趋同，损害人类的共同财富 | 尊重和培植地方的传统知识、技术和材料，丰富人类的共同财富 |
| 生物、文化和经济的多样性 | 使用标准化的设计，高能耗和材料浪费，从而导致生物文化及经济多样性的损失 | 维护生物多样性和与当地相适应的文化以及经济支撑 |
| 知识基础 | 狭窄的专业指向，单一的 | 综合多个设计学科，是综合性的 |
| 空间尺度 | 往往局限于单一尺度 | 综合多个尺度的设计，在大尺度上反映了小尺度的影响，或者在小尺度上反映了大尺度的影响 |
| 整体系统 | 画地为牢，以人定边界为限，不考虑自然过程的连续性 | 以整体系统为对象，设计旨在实现系统内部的完整性和统一性 |

续表

| 问题 | 常规设计 | 生态设计 |
|---|---|---|
| 自然的作用 | 设计强加在自然之上,实现控制和狭隘地满足人的需要 | 与自然合作,尽量利用自然的能动性和自组织能力 |
| 潜在的寓意 | 机器、产品、零件 | 细胞、机体、生态系统 |
| 可参与性 | 依赖专业术语和专家、排斥公众的参与 | 致力于广泛而开放的讨论,人人都是设计的参与者 |
| 学习的类型 | 自然和技术是掩藏的,设计无益于教育 | 自然过程和技术是显露的,设计带我们走近维持我们的系统 |
| 对可持续危机的反应 | 视文化与自然为对立物,试图通过微弱的保护措施来减缓事态的恶化,而不追究更深的、根本的原因 | 视文化与生态为潜在的共生物,不拘泥于表面的措施,而是探索积极地再创人类及生态系统健康的实践 |

### (二)可持续景观设计

1993年10月,美国景观设计师协会(ASLA)发表了《ASLA环境与发展宣言》,提出了景观设计学视角下的可持续环境和发展理念,呼应了《里约环境与发展宣言》(1992年)中提到的一些普遍性原则,包括:人类的健康富裕,其文化和聚落的健康和繁荣是与其他生命及全球生态系统的健康相互关联、互为影响的;我们的后代有权享有与我们相同或更好的环境;长远的经济发展和环境保护的需要是互为依赖的,环境的完整性和文化的完整性必须同时得到保护;人与自然的和谐是可持续发展的中心目的,意味着人类与自然的健康必须同时得到保护;为了达到可持续发展,环境保护和生态功能必须作为发展过程的有机组成部分;等等。

作为国际景观设计领域最具影响的专业团体,ASLA提出:景观是各种自然过程的载体,这些过程支持生命的存在和延续,人类需求的满足是建立在健康的景观之上的。因为景观是一个生命的综合体,不断地进行着生长和衰亡的更替,所以一个健康的景观需要不断地再生。没有景观的再生,就没有景观的可持续发展。培育健康景观的再生和自我更新能力，恢复大量被破坏的景观的再生和自我更新能力，是可持续景观设计的核心内容，也是景观设计学根本的专业目标。

### （三）节约型园林景观设计

建设节约型社会是中国政府总结国际工业化、现代化建设经验，面向新的发展阶段做出的重大战略选择。作为建设节约型社会的重要组成部分，节约型园林是园林绿化行业贯彻科学发展观和创建资源节约型、环境友好型社会的关键载体。

节约型园林概念主要包含以下四方面含义：首先，最大限度地发挥生态效益与环境效益。其次，满足人们合理的物质需求与精神需求。再次，最大限度地节约自然资源与各种能源，提高资源与能源利用率。最后，以最合理的投入获得最适宜的综合效益。目前，节约型园林的研究和采取的技术措施主要体现在节地、节土、节水、节能、节材、节力等方面。

### （四）低碳景观设计

低碳景观（Low Carbon Landscape）理念源于当代可持续发展思想，并随着环境恶化、资源匮乏、能源短缺以及温室气体排放过量导致的气候变化等问题的凸显而日益为世人所关注，与"低碳经济""低碳技术""低碳社会""低碳城市""低碳世界"等同属于低碳时代的新概念和新政策。

低碳景观规划设计理念主要包含以下四个方面的内容：

第一，在宏观规划设计方面配合集约城市建设，多重利用土地。提倡紧凑高效型城市开发，对城市废弃地进行修复更新。发展绿色基础设施，构建有机联系的绿色空间网络，保持景观连续性，节约城市管理成本。

第二，降低景观营造与使用过程中的能源消耗，提高能源效率。包括：应用本地"碳友好"型材料；鼓励可再生能源及低能耗技术与产品的推广应用，减少"碳足迹"；注重资源的循环利用与自我维持，控制景观养护的"碳成本"；以规划设计手段延长园林生命周期；等等。

第三，增强景观绿地的碳汇功能，提高生态环境质量。充分发挥植物的碳汇功能，将大气中的温室气体（二氧化碳为主）储存于植物根际或土壤中。

第四，发挥景观的低碳教育功能，寓教于乐。在景观设计中，充分融入环境教育、启示元素，建立低碳景观展示场所，引导公众了解、参与和践行低碳生活。

### （五）人性化景观设计

"人性化"概念起源于文艺复兴时期的"人本主义"思想。美国行为科学家马斯洛的需求层次论将人类需求从低到高分成五个层次：生理需求、安全需求、社会需求（归属与交往）、尊重需求和自我实现需求。马斯洛认为上述需求的五个层次是逐级上升的，当下一级的需求获得相对满足以后，上一级需求才会产生，再得到满足。人类设计由简单实用到蕴含各种精神文化因素的人性化走向，正是这种需求层次逐级上升的反映。

人性化景观设计包含对人的生理及心理两个层面的关怀，在景观设计之前应综合考虑人的生理结构，群体的不同生活习惯、性格特征、宗教信仰和文化习俗等因素，使设计尽可能满足并适应使用者的需求和行为活动，使他们在使用过程中得到最佳使用体验和获得满意度。

人性化景观设计主要由三方面构成：人体的尺度、人在外部空间的行为特点以及人在使用空间时的心理需求。美国当代景观大师西蒙兹认为，设计师考虑的根本问题不是形式、空间与形象，而是体验，真正的设计途径均来源于一种体验，即设计对人具有意义，乃为人而作，其目的是使人感觉方便、合适与愉快，并鼓舞其心灵与灵魂。人性化景观设计是从整体经验中产生最佳关系的创造。

### （六）精细化景观设计

今天，人们对生活的理想已不单单停留在物质层面上，"诗意的栖居"成为人们追求的目标。景观与建筑在承担重要的使用功能之外，还被界定在艺术审美的范畴之内。在现代审美范畴内，艺术品与非艺术品的界限已被模糊，人们开始在更大的范畴内定义和寻求美，甚至包括人们生活其中的空间环境。环境品质要求的提高，相应地对景观设计提出了精细化的设计要求，要求景观设计对人类生活空间与大自然的融合表示更多的支持，与人类的多样性和发展性相契合，肯定形式的变化和内涵的多义性。

随着社会的不断发展与进步，景观设计的实践范围不断向纵深发展。一个优秀的景观设计的落实不能仅靠设计师的单方面努力，还需要政府、开发商和社会相关领域的通力合作。景观设计师不再局限于提供图纸，还需要提供一系列精细化的设计服务。景观设计师应协调各方力量，积极参与到各种相关咨询、政策制定、施工流程管理、完工后的意见处理和维护建议等工作中去。

人性化与精细化景观设计是紧密联系、相辅相成的。景观设计师应广泛收集与设计相关的实用资料，通过现场探勘、问卷及访谈、既往经验研究等，对基础资料进行补充与分析，综合应用人体工程学、环境心理学、人文历史、景观美学等相关理论成果和适当的工程技术，最终达到人性化与精细化的完美结合。

**（七）三维数字化景观设计**

三维数字化是指运用三维工具（软件或仪器）实现模型的虚拟创建、修改、完善、分析等一系列数字化操作。三维数字技术在景观设计中的应用最初集中在辅助设计及效果表现方面，随着数字技术的发展，其应用范围大大拓展，涵盖分析决策、辅助设计、渲染表现、交互沟通等领域。在前期分析阶段，可利用GIS软件平台进行场地三维定量分析，对决策加以优化调整；在方案阶段，AutoCAD及其二次开发产品是行业三维数字化的基础软件平台，Sketch Up、3dsMax、Rhino等模型软件可辅助设计师进行细节推敲与处理；后期可综合运用Lumion、Painter、Photoshop、VR等软件进行景观表达，高效准确地提供专业透视、鸟瞰、动画或多媒体交互成果。三维数字技术的发展促进了景观设计方法的创新与变革，特别是参数化设计和实时渲染可视化平台的革命性发展。

参数化设计最早应用于工业设计，20世纪90年代后期在建筑及城市设计领域掀起一股热潮，如今逐渐在景观设计中得到应用。目前的实践案例大多局限于某个景观元素的参数化设计上，极少出现各景观元素相关联的整体式景观参数化设计。参数化设计在景观设计中的应用时间并不长，还面临应用时间短、范围较窄、整体式景观参数化设计难度大、缺乏专用的景观参数化软件平台等问题，有待人们进一步研究。

以 Lumion 为代表的三维可视化技术带来了行业表现图快速渲染技术的飞跃与辅助设计理念的革命。Lumion 是一个实时的三维可视化工具，利用该软件，设计师能够直接在自己的电脑上创建虚拟现实，对包含硬质及软质景观元素的三维场景进行实时编辑。Lumion 非常适合制作视频、静态渲染和快速周转的现场演示，大幅度减少了制作时间。实时渲染可视化平台的发展，将设计师从繁杂的技术泥淖中解放出来进而专注于设计。

此外，AIGC（生成式人工智能）技术也为景观设计带来极大便利。在景观设计领域，AIGC 已经成为解放设计师双手、提高设计效率的重要工具。通过 AIGC 技术，设计师可以在短时间内快速生成高质量的风景园林效果图，避免了传统手绘或建模方法的烦琐过程，提高了设计效率，从而将更多的精力投入创新和优化设计中。AIGC 可以通过对大量数据的学习和分析，为设计师提供智能化的优化建议，帮助设计师改进和完善设计方案。AIGC 还可以自动化处理一些烦琐的任务，如场景渲染、图像处理等，让设计师更加专注于创意和设计本身。

**（八）现代信息化景观设计**

现代景观设计立足于功能要求，重视景观形态与空间的塑造。时代的发展要求景观设计承载更多的信息，具体包括：有效的信息读取，提供更为清晰、简洁、夺目的景观形式，尤其是对标志符号系统的处理；设置信息调节，提高景观的弹性和变化性；将信息技术融入设计理念和人的审美需求当中，在更高层次与情感抒发融为一体。目前在景观设计中应用较为广泛的现代信息技术主要包括多媒体技术、3S 技术、数据库与网络技术等。

多媒体技术（Multimedia Technology）是利用计算机对文本、图形、图像、声音、动画、视频等多种信息进行综合处理、建立逻辑关系和人机交互作用的技术。设计师借助多媒体技术可以创造互动景观，使景观根据不同的信息而变化，而不是固定地扮演某种角色，承担某种功能。

3S 技术是遥感技术（RS）、全球定位系统（GPS）和地理信息系统（GIS）的统称。地理信息系统是景观设计专业直观而理性的空间分析工具，通过对遥感技术全球定位系统等收集的各种资料信息进行提取与分析，建立空间数据库进行信息查询，将反映基地的各种景观要素信息进行统计，对各地图要素进行操作、编辑、提取和输出。3S技术结合多媒体技术可应用于景观分析评价、方案提出、规划管理等阶段。在景观分析评价与方案提出阶段，主要体现在基础资料收集，包括空间分析、可视化分析（三维景观模拟）、景观格局分析、景观评价等。在规划管理阶段，主要体现在动态检测与管理、动态化的实时分析与模拟，有利于推进传统规划方法的创新与发展。

综合应用数据库处理、网络与多媒体技术，可以使景观设计单位、科研院校、生产单位之间进行多方面数据共享与信息交流，包括在网络上实现信息目录检索与查询、景观信息发布、方案征集、网络会议、远程教学等，对于促进景观行业的发展具有重要意义。通过计算机网络及相关技术，设计师还可以进行远程设计、施工与管理。

**（九）地域化景观设计**

在全球化时代，要避免文化趋同，避免设计千篇一律，首先，要对城市景观的地域性进行必要的保护、发掘、提炼、继承和弘扬。应根据地域中社会文化的构成脉络和特征，寻找体现地域传统的景观发展机制，以演进发展的观点来看待地域文化传统，将其中最具活力的部分与景观现实及未来发展结合起来，使之获得持续的价值和生命力。其次，要具有开放、包容的心态和批判的精神，打破封闭的地域概念，结合全球文明的最新成果，用最新的技术和信息手段诠释和再现传统文化的精神内涵，拒绝标签式的符号表达。

**（十）多元化景观设计**

当今景观设计的多元化趋势主要体现在两个方面：一是景观设计语言的多元化，二是城乡景观的多元化。

当今社会已进入以工业化大生产为基础的发展时期，人们的审美倾向和社会生活需求越来越具有差异性和独特性。这直接促使设计师开始在美学上进行大胆的创新，景观设计语言不断多元化。抽象艺术、工业遗址再生与保护、多媒体技术综合运用等相关尝试不断推陈出新，设计师运用各种不同的元素和风格，使用工业化带来的新材料与新技术，创造出具有鲜明时代特征、为大众所喜爱的新的设计语言。

对于城乡景观，应立足于不同景观功能定位，综合现状资源、地域文化等因素，走差异化、多元化发展之路。未来的城市景观将更加开放、功能复合。景观设计应把项目作为城市不可分割的一部分，创造具有共享性、充满活力、与城市生活紧密联系的公共空间系统；追求工作、交通与商业、居住等不同城市功能的融合，追求城市与自然的融合。随着中国农村建设的纵深发展，在使农村人口生产、生活水平逐渐提高的同时，不能抛弃其农业生产基地的本质属性。要想反映在景观环境的营造上，就必须强调因地制宜的设计手法，追求与自然的和谐共存，利用当地独特的历史、人文和自然资源优势，发展乡土化、多元化的休闲观光农业景观。

# 第二章 景观设计的基本原理

景观设计一方面具有悠久而灿烂的历史，另一方面又顺应当今社会日益强烈的社会需求。景观设计能够长盛不衰，其原因为：一方面，可以用"人与环境生命化的依存关系""人对环境的功能性需求""人对审美的本能化追求"来加以解释；另一方面，景观设计本身具有不容忽视的独特魅力，这种独特魅力源于景观艺术的多种特征。本章从人对景观的感受出发，对景观设计的审美情感特征、景观中的动态特征因素分析和景观设计的功能性特征加以介绍和分析，进而为景观设计的学习和实际设计活动提供理论背景和认识基础。

## 第一节 人、景观、感受

### 一、景观设计的本质特征——满足人的感受

景观设计是一种人为的针对环境的有意识、有目的的改善性营造活动，景观设计的目的是满足人本身的需求。景观设计需要满足人们对于环境改善的两方面需求：一是使用功能的满足，包括安全、舒适、便利、经济等；二是满足人的感受，无论是生理的还是情感等感受。虽然以上二者缺一不可，但重要性有所不同。其中，使用功能的满足是基础条件，满足人的感受是景观艺术与设计的本质特征。因此，景观对于人的感受的满足就是景观设计的重要追求。

我们可以把人的感受分为个体性感受及社会群体性感受。如果说景观设计师设计作品是以自身的个体感受作为出发点，那么，这种表现出的个体性感受必须与社会群体性感受产生共鸣，才能体现其社会艺术价值，才能满足人们的需求，

被视为"好"的设计。从另一方面讲，社会群体性感受也是由一个个单独的个体性感受组合而成的。所以，对于景观设计而言，了解人对景观的感受是我们能够深入认识景观艺术及设计必不可少的步骤。对人对景观的感受进行一些分析、深化理解是十分必要的。

但是由于"人的感受"这一问题在心理学中具有一个相当复杂的范畴，包括但不局限于感知能力、意识的产生，以及想象、思想、思维、信仰等心理范畴，不仅具有个体差异，还具有多重共时、交替出现及短暂易逝等特征，所以全面、深入、完整地描述、研究人对景观的感受是十分必要的，又是十分困难的。因此，我们只能选择几类具有普遍共性的认识性感受加以简单解析。我们这些简单的解析对于深化景观艺术及设计的认识是十分重要的。

## 二、人对景观的几种感受

### （一）"如诗如画"感

"景色如画"可能是人们较常用的对景观美的评价词，从最初针对自然风光，到今天对城市、城镇等人工环境也常常使用这一赞美词。但是"景色如画"不是人对景观美感最早的感受，这一点很好理解，因为这个概念至少应该是在绘画出现之后产生的，或者说应该在风景画（山水画）出现之后才可能出现在景观设计及其理论之中。

在景观设计的历史中，风景画（山水画）对于人的景观审美感受产生过非常大的影响，这种影响在现今的景观艺术评价、景观设计、景观理论研究中仍然发挥着巨大的作用。

18—19世纪，欧洲出现了"如画式"景观设计方法，英国建筑师约翰·纳什（John Nash）将这一方法应用于城市，设计了伦敦的马里波恩公园。第二次世界大战之后，规划学家阿伯科隆比（Patrick Abercrombie）在伦敦的城市设计中，结合乡村和社会邻里单元的概念，将伦敦规划为类似一组组小镇（或乡村社区）的集合，这种将居住建筑与景观紧密融合的尝试被称为"新如画式"。

但是，我们应该认识到，这些"如画"的"评价标准"和"范本"有着明显的局限性，它们同今天有关景观的照片、图像资料等具有相似的作用，都是为人的景观审美心理感受提供一些前期素材，丰富人们的经历，提高人们的学识素养，与"评价标准"等并无直接的关联性。也就是说，在景观设计及其理论中，"景色如画"一词的含义更多的不是指向某种确定的标准，而是更近似于一种历史文本上的"比喻"。这是因为人与景观的感受关系是不能被人与画的关系完全涵盖的，即人对景观的审美性感受与人对绘画的观赏——审美观照是不同的。这是由人在景观中的活动性、视野、视点、时间、空间等的变化性因素所决定的，也因为人对景观的感受所依赖的感知能力、感知器官并不如人对于绘画那样仅限于视觉，而是触觉（如对风）、嗅觉（如对气味）、听觉（如对声音）等在感受过程中都发挥作用，甚至在一些时候这些作用并不弱于视觉在人面对景观时所起的作用。

人对于景观乃至更大的环境的感受能力基于一种人类基本的感知判断能力，即人在环境（包括景观）中，在其目光所及的范围内（或其他感知能力范围内），无论距离远近、是否存在某种阻隔和遮蔽，基于对环境惯常的分析判断经验，对环境中的事物做出自认为真实的存在性判断——"真实性"感受。所以，景观艺术作为能使人身临其境、身感其物的实在性艺术形式，其特点可以直接作用于人的多种感觉部分及内心世界。而人们对于绘画作品（如风景画）产生的"身临其境"感，则是通过如"审美观照"等产生的"投射"心理，感知转入想象而有限制地实现的。

因此可以认为，首先，"如画感"或"入画感"并不是指人会完全像"审美观照"欣赏绘画那样去感受景观。其次，"如画感"更多的是指因先天及后天的教育（尤指美术方面的知识及感受积淀）而发出的比喻性评价。

对于美术修养比较深厚的人而言，类似于"风景如画"之类的感受确实在许多方面可以丰富和深化其对于景观的欣赏，或者为其提供某些启示，但这并不是说，美术修养缺乏或较浅薄的人就不能欣赏景观。

有时当人们面对某个景观时，也会产生类似于人面对绘画作品的情况，如通过窗户看室外（这时窗户近似于画框），长时间从固定的视点看固定不变的景象等，在这些情况下，人对于景的审美感受确实与人欣赏绘画没有太大的差别。人们在观赏中一旦发出"景色如画"之类的感叹或感受到了艺术情感（美或某些触动内心的感受），对于景的感受就摆脱了"画面"，其感知能力、意识、想象、思维就都投入景中，并在景中活化了。由此可见，"景色如画"与人对景观的感受在许多层面上是不同的。

认为景观与诗歌有某种非常密切的关系的认识具有广泛性。中国唐宋至明清的许多山水园林多为著名的文人书画家构创，常以诗画意境为景观立意，所以有人认为中国园林与中国文学盘根错节，难分难离。"我认为研究中国园林，似应先从中国诗文入手，则必求其本，先究其源，然后有许多问题可迎刃而解。如果就园论园，则所解不深。"[①] 英国艺术理论家里德也认为，风景画的艺术特征与诗歌有关。

古往今来，无论中国还是外国，描绘景色的诗歌乃至各类文学艺术作品都非常多，实际上，在文学艺术中纯粹为写景而写景的作品几乎没有。以诗文描绘景色是为了抒发情感，以文字创构出的是一种景观氛围和意境，在这种氛围和意境之中，有的是人的思想情感、审美情趣、人生态度，其中有哲理、有理想、有人格、有人伦、有情趣，并直指人们内心的艺术审美情感。因此，我们可以认为景观与诗歌的联系主要体现在三个方面：情感、韵律、审美。联系的途径则主要是人的想象力。人们通过想象力在景观感受与情感的共鸣、空间节奏与诗韵、审美与意境之间建立起相互转换的感知关联，彼此互动、相互促进，进一步深化了对景观的感受。

对于"景观如诗如画"这一类感受，虽然我们认为人们欣赏绘画与欣赏真实景观的方式不尽相同，认为诗歌是依靠人的想象力与韵律等文学形式打动人的，但从更深的层面上去思考，景观及与景色有关的绘画、诗、文三者之间具有共性，有着近似的要创建某种实在或非实在的景观氛围和审美意境的艺术特征，这种艺术特征使三者紧密联系并相互促进，进一步深化了各自具有的表现艺术情感的特质。

---

① 陈从周. 中国诗文与中国园林艺术 [J]. 扬州师院学报（社会科学版），1985（3）：41-42.

面对一个实在的景观,如果它能够打动包括画家、诗人在内的许多人,这个景观具有的特征、氛围、意境与这些人的内心就必然有契合之处,画家以此作画,诗人以此为文,在这一过程中,其作品会融入作者的情感想象并再次打动其他人,受这些作品影响,人们也会依据这些作品品评实在的景观,深化对实在景观的欣赏,这是一种互动且情感和审美渐渐深入丰富的过程。据此,我们可以这样认为,在人对景观感受的过程中,景观的氛围和意境也蕴含着人的思想情感、审美情趣、人生态度等,景观的如诗如画感会深化人对景观的艺术性感受。

**(二)陌生感与新奇感**

当人们进入一个陌生的环境,面对一个以前从未见过的事物或情境,或是一个自己完全不了解的人文环境时,警惕是首先产生的心理状态,这种源于对陌生环境的警惕,其背后隐藏着的是恐惧感。

在环境中,人的恐惧感源于人对环境控制能力的缺失。也就是说,当人对环境失去控制和把握能力时,就产生了恐惧。这种对陌生环境的警惕和恐惧源于人作为生物的自我保护本能。警惕性会使人的注意力比平常更集中,更仔细地观察,更敏锐地感受和思考,但这种处于紧张心理状态下的"注意"较难令人产生与艺术情感有关的美感。一般情况下,从未进入原始森林的人,也许会被原始森林中某种植物或动物的美丽色彩或奇特的形状打动,但很快这种刚刚形成的美感就会让位于陌生环境下人的紧张感。在国外旅游时,面对自己完全陌生的环境(甚至在人口密集的城市中),除非对人文背景有一定的了解,否则人在这种陌生的环境下会同样产生紧张感,这是由理解、把握和交流上的困难引起的。

人们在陌生环境下产生的紧张、警惕(恐惧)这一类心理特征会在一定程度上妨碍人对景观的审美感受,但这种妨碍常常只存在于人进入陌生环境的初始阶段,随着时间的推移,紧张与警惕感会渐渐消减。即使在历史上曾使人们普遍感到紧张恐惧的环境,现在也不再那么令人恐惧了。据科学统计,现在只有不到10%的人在乘坐车辆、电梯时有不适感,只有不到1%的人不敢乘坐车辆、电梯(恐惧症),而在100多年前,这种不适感曾广泛存在。如今,在运行的车辆、电梯中欣赏环境已成为一种比较普遍的景观观赏方式，如野生动物园中的观赏车、建筑中的观光电梯等。

对陌生的环境想要去熟悉、对不了解的事物想要去了解、对没有见过的环境想要去见识一下，这同样是人的本能追求。"探究与征服"不仅是人类创造文明历史的动力，也是人在陌生环境下的必然选择。在"探究与征服"的过程中，伴随着人们在陌生环境下产生的紧张与警惕情绪的消减，另一类感受——"新奇刺激"渐渐生成。新奇感产生于从陌生到了解、熟识的过程中，刺激性产生于从对环境控制、了解能力的缺失（恐惧感）到恢复对环境掌控能力的过渡中，新奇刺激的感受可直接导致人产生至少是接近艺术情感的快感。

人们对陌生环境有了一定的了解之后，"参与和旁观"就成为更进一步了解环境常见的可选择行为方式。人们常常会注意到，当游人面对不同人文背景的环境时，如在各种节日、仪式、庆典活动中，总是既有参与者，也有旁观者；在自然景观中，有的人亲密接触大自然，有的人只是观风望景。实际上，面对一个相对陌生的环境，人选择参与其中还是旁观，有时并不是泾渭分明，常常交替出现。

当一个人不能够或不需要过深、过细地了解某一环境时，"想象"成为另一种在内心探究环境的方式。在人们面对陌生环境时可能出现的"预想—探究—掌握"三个阶段中，人的想象力常常可以弥补探究能力的不足。

蜿蜒曲折的道路，一望无际的田野、海面，绵延不绝的山峦，分岔的路径，迷宫，被遮挡只露出飞檐的庙宇等，人们不必去全面探索，为想象留出心灵空间，有时候同样是有意味的。而在一个相当了解、自身能够掌控的环境中，紧张、恐惧、新奇、刺激的感受就会在很大程度上得到消解，取而代之的感受是放松。

实际上，由于陌生引起的人的紧张、警惕，由于探究欲引起的新奇、刺激等相关感受，我们可以将其视为引发景观审美感受的某些"基础"；或者我们可以拓展广义艺术美感的范围，将一定程度内的紧张感、恐惧感以及探究的新奇刺激这类由于空间环境形成的心理情感也纳入景观美感畴之中。毕竟，在环境氛围对人的心情发挥影响作用这一层面上，人们很难将这些感受与审美感受完全分开。

我们可以这样认为，从广义上讲，景观审美与人对环境空间的失控与掌控之间的某种平衡有关；从狭义上讲，景观的美感是建立在易于掌握、识别的事物（景观大都由建筑物、草木、水、石等组成）与不易于了解、把握的事物表象（山、石、树形、光影、水的变幻、人的行动等）的兼备和平衡之上的。不易于认识、了解的事物使人产生警觉，使人注意力集中，并使人在探究了解过程中产生新奇刺激感，而易于把握的事物表象则会使人感到索然无味。

### （三）漠视与亲切归属感

本书讨论了人在陌生环境中的一些感受，但是实际上，对于日常生活中的大多数人来说，他们生活、工作以及进行各种社会的、个人的活动环境区域都具有一定的固定性和稳定性。在大多数情况下，大多数人活动于一个自己相对比较熟悉、了解的区域场地里。我们在前面提到过，人们在一个自己熟悉、了解、掌握并能控制的环境中会感到放松，但我们发现，对于非常（过于）了解的环境，这种放松的感觉常常会导致麻木感或因习以为常而熟视无睹，也可以称为一种"漠视"的心理感受状态。

与环境景观有关的这种漠视状态主要表现为：因为过于熟悉而对环境场地感觉迟钝或缺少新奇感。产生漠视的根本原因在于对环境非常了解、习以为常。这种习以为常导致这样一种不易自我觉察的意识：自己常年活动于其间、非常了解的环境场地中的那些环境因素——建筑物、山、水、石、树木、人的活动等都被视为自身必然的、必不可少的"附属物"。这是一种人的潜意识空间感的表现，即人在现实生活中很少能够意识到环境空间对自身的作用，但人实际上又时时刻刻不能脱离与空间的这一关系，就像一个人平时很少会想到他必须经常呼吸这个事实一样。常常是当环境发生某些可以被觉察到的变化时，或当人脱离了这个熟悉的环境后，这种视环境为自身必然性附属的空间感才能被打破，这种心理依赖才能被发现。

人的漠视状态有时使人即使常年生活于美丽的景观环境（自然的或人工的）中，也对其中的景观美反应迟钝或视若无睹，阿道夫·格勒曾以"审美疲劳"

对此做出解释。心理学研究表明，熟悉的东西比不熟悉的东西较少引起人脑的注意，因而公众总是要求更强烈的刺激。虽然考虑到一些艺术品确实具有永恒的审美价值，对于这种解释我们很难将其视为艺术设计范畴中的一条普遍性法则，但它至少从一个侧面向我们证实了环境景观中的"新奇性"可以打破人的漠视状态。

对于人的漠视状态进行分析，至少可以为我们提供以下有益于景观艺术及设计的启示。

第一，在实际生活中，人们不会总对环境做仔细观察，时时刻刻对环境景观作出审美评价。人不仅在漠视状态中可能对景观视若无睹，当心事重重、情绪极端或者繁忙的时候，也可能对景观缺少关注。景观作为人活动环境的实体组成部分，人们对它的感受方式同专门去美术馆欣赏绘画有很大的不同。让人们时时去体味周边事物的美，无疑是景观设计师的一厢情愿。很多时候，景观设计师能够为人们提供环境景观，却无法强迫人去欣赏。当然，专程去欣赏某个园林或风景区另当别论，对于绝大多数人来说，这不可能成为一种生活常态。

第二，由于因熟悉而漠视这一状态的存在，我们可以这样认为，对于大多数人的有限活动区域而言，景观设计师把室外环境设计得怡人、舒适、安全、便利，比努力去创造纯粹的艺术美更重要、也更有实际意义。

第三，漠视状态产生于因熟悉了解而被"固定或程式化"（指环境的相对不变性或变化的可预知性），而变化、新奇可以从某种程度上打破漠视这种状态。在景观设计中，设计师应充分考虑"变化"这一因素，景观艺术及设计本身的艺术特征为我们所需的"变化"提供了独特的发挥空间。景观艺术及设计的室外性特点，使其相较于室内设计等设计类型更具环境的不稳定性、复杂性、多元性、综合性和多变性。对于景观设计，要注意其动态性的艺术特征，扬长避短、因势利导，进行全面、综合、前瞻性的分析和设计，这是十分重要的。景观设计不仅要为人们提供广阔的活动天地，还应该创造出气象万千的自然与人文景象。

人在自己熟悉的环境中不仅会产生漠视感，还会产生一种"亲切归属感"。

有时我们遇到与熟识的环境相似的建筑、道路布局、人文环境、生活方式等，也会产生某种似曾相识的"亲切感"。实际上，亲切感不局限于城市中，在城镇、乡村甚至某些自然风光中，我们也能找到这种感受。

"亲切归属感"是个人空间（行为活动、心理诉求）的扩展所致，源于人们生存所必需的生物领域性需求。这种生物领域性需求在人们长时间的生活经历的积淀下，成为一种对于生活空间的情感性依赖。

"亲切归属感"常常可被描述为某些实物性特征，如建筑物的外观，地形地貌特征，道路的布局、尺度、方向，树木的样式，阳光，风，等等。实际上，"亲切归属感"是一个整体性的空间氛围的产物，其实质并不表现为某些实物性的外表，而表现为一种情感——与生存、生活相关的内心情感。在这样一个空间氛围的产物中，那些实物性（如建筑、道路、草木、水石等）的特征虽然是必不可少的，但它们只有与人的生活经历、情感经历相联系，才能起作用。

一片树丛、一段旧墙、一片沙地……当它们与一个生活场景相联系，就会变得鲜活而富有生命力，一个人看到它们就产生一种"亲切归属感"，对其他人来说，却未必有什么意义，所以"亲切归属感"有时具有私人性（个人性）特征。但也有具有社会性（群体性）特征的"亲切归属感"，一个街边的小公园、历史悠久的集市、发生过某些重要事件的广场等，它们是属于一个群体、一群人的，人们在其中活动，随着时间的积累，对它们也会产生感情。

能够使人产生"亲切归属感"的氛围是人生存、生活的具有心理情感依赖的环境空间，也是大多数人行为及心理势力延伸的空间范围，破坏这种亲切归属感有时会产生非常严重的不良后果。我们知道，社会要发展，应该且必须进行城市建设活动，在城市规划建设、景观设计中，人们的"亲切归属感"、生活方式及习惯、人文与传统都应该得到充分考虑。另外，从我们对"亲切归属感"的分析中可以知道，人们在室外环境中存在一个行为和心理乃至情感的场地空间领域。由此推之，城市建设规划中对历史建筑、历史街区等的保护，仅考虑建筑的文物历史价值是不够的，还应该对建筑、街区及其周边环境空间的"亲切归属感"给予充分考虑。

由"亲切归属感"的空间地域特性引申而出的一个概念是"标志物"或场地识别感。我们发现人们对于某一场地的识别，常常是依赖其对场地中某个具有特殊表象的"物体"的识别进行的。英国艺术理论家贡布里希认为，这可能是因为人们可以接收和加工的视觉信息是有限的，所以，人要识别、判断环境就要抓住具有某些特征性的事物。"标志物"对于人认识场地无疑具有重要作用。比如，一提到北京，人们会很自然地想到天安门、故宫等，一提到上海，人们会想到外滩、东方明珠电视塔，还有相似的，如雅典的卫城、埃及金字塔、巴黎埃菲尔铁塔等，这样的例子有很多。

在城市的景观设计中，虽然自然物也可以成为"标志物"，如江、湖、山等，但要设置人造的"标志物"，有一些问题是我们必须加以考虑的。首先，从人们识别场地区域的方式上以及人对场地空间的情感依赖来看，设置或强化某些人工环境中的因素，使其成为场地的"标志物"，有时是必要的，但"标志物"显然不必局限于建筑物、广场、雕塑等，集市、独特的生活方式、历史传承物、文化氛围甚至气候条件等同样可以形成或被打造成一个城市的特色"标志物"。其次，某一人造物要成为城市空间的"标志物"，是有许多条件的。它必须是由文明、历史、情感、美的形式、社会及个人审美趣味以及群体情感倾注、独特性等方面共同作用产生的，更重要的是，它必须有一个长时间的历史积淀过程。在这一过程中，规划师、建筑师和景观设计师只是起到提供某些成为"标志物"的可能性的作用。因此，当在一些城市及一些场地考虑设置人工"标志物"时，应该对此有所预计。

在现实生活中，对于很多人来说，还存在另一类"标志物"，这类"标志物"常常不如上面提到的城市（或某区域）象征性"标志物"那么有名，被许多人所熟知、公认。这类"标志物"在很多时候、很多场景中因人而异，如在从较远的地方回家的路途中，虽然许多人可能尚未进入自己非常熟悉的地区，但凭有限的经验，看到一座建筑或一座桥、一条河等，就知道离家不远或即将进入自己熟悉的场地。对于这类"标志物"，虽然不同的人可能有不同的选择，具体物体、距离也可能不同，但都可以将其视为人作为生物体自我划定的生理及心理的"边界"，对边界之内熟悉、有情感依赖性，对边界之外较陌生、无亲切归属感。一般来说，人们对于这类心理边界标志物的选择有一定的规律性，如物体相当时间内的稳定（不变）性、醒目、较独特的形式等。

在针对一些场地的景观规划和设计中考虑这些"标志物"将十分有意义。鲁道夫·阿恩海姆就曾写道："一座教堂或一座宫殿，如果位于一座山顶上，或是在到达它之前有一段极为别致的景色的铺衬，或是在它前方的各条林荫大道的星状交叉点上矗立着一座凯旋门等，这对它们的识别或确定就非常有帮助；相反，如果一座传统的教堂被包围在纽约市的摩天大楼之间，这种环境对它非但无助，反而会'嘲弄'它，把它反衬得更加渺小和可怜……"[①] 这些标志物常常是特定人群对于一定区域场地心理感觉上的"边界"。

在中国传统的园林设计中，这些标志物常常是实现"借景""透景"的重要依据。实际上，在景观设计时，通常可以把具有社会群体性"亲切归属感"的事物作为场地的特征"标志物"来加以全面的分析研究与规划统筹设计。

### （四）融入感

从表面上看，"融入"一个环境似乎与"参与"有关，其实它们有实质性的不同。"融入"的确需要"参与"，但"融入"涉及的"参与"不仅代表投入其中的人的行为活动，而且是指一种心理状态。在这种心理状态下，环境景观不再是为人的活动搭建的"背景"或"舞台"，身处其中的人没有这一类认识，也并不感觉自己是被"投入"或"参与"到这个环境中，而认为自己是"生成"在环境中的。传统哲学所谓的主体（人）与客体（外在世界）的界限变得不明确了，人不再置身于环境之外，而是觉得自身与环境是一体，这就是一种"融入"的感觉。

马克·第亚尼通过对游行、体育比赛等社会现象的研究，提出了"移情同一理论"，从人的社会行为的角度解释这种"融入"感。他认为，"像自然生长出来的一样，它将喜欢和支持人与人之间的情感维系，也将喜欢一种'同一化'的和

---

[①] 鲁道夫·阿恩海姆. 视觉思维[M]. 滕守尧, 译. 成都: 四川人民出版社, 2019.

'共同参与、共同分享'机制"[1]。这段话同样适用于人对景观的"融入"感。在"融入"这种心理状态中，人对环境景观的感受表现具有一个整体性或一体化的特征，它不是表现在一个个相互分离的物体中，而是表现在事物与人、事物与事物的相互关系或"景观—信息"的综合中。这时，环境景观（含其中的人）可以被视为一种"系统"，被人的感知判断为一种综合性的整体———一种不能被分割、不能被简化描述成各个相互分离的物质关系的整体。

人对环境景观的这种感受中不仅有被人们的感官感知的东西，而且包含被人们"体会"（心理意识）到的东西。也就是说，它是人的感知功能与内心意识共同作用并势均力敌的结果。

一种基于"融入"感而产生的"迷狂"现象，也许可以让我们加深认识。柏伦森在其自传《描绘自画像》中有一段关于他童年的描述，在这个段落里，柏伦森回顾了自己在五六岁时的一次郊游中大自然让他感到"迷狂"般的幸福时刻的情形："……那是初夏的一个早晨，银白色的雾霭在酸橙树上颤动，空气中飘着芳香，气候宜人。我记得（完全用不着回忆）我爬上一棵树，然后立刻就沉浸在这一情景里了。我无法给这个情景定一个名字，也不需要用什么来说它，它与我是一体的。"[2] 这是一种"迷狂"的状态，这是一种以"忘我（自身）""忘他（外在世界）"为表征的极端"融入"的情感经验，传统哲学"主、客"二分的观念已被彻底打破，人对环境景观的感受（如果说还有感受的话）成了一个整体性结构（包括观赏者本人以及景观中的全部因素相互联系）中的一种内含性的"关系"，它只能被"回忆"，但其在当时并不能自觉。融入、迷狂这类感受都可以追溯到"崇高"这一源于古希腊时期的美学概念。

在人类社会的发展历史中，人们开始注意到人类的生存、生活等基本活动都与环境紧密关联，并且人们会因环境而产生多种与外界相关的情感：快乐、满足，警觉、恐惧，希望与失望，熟悉与陌生，困惑与惊奇，自感渺小无力与征服感，

---

[1] 马克·第亚尼（Marco Diani）.非物质社会——后工业世界的设计、文化与技术 [M].滕守尧，译.成都：四川人民出版社，1998.
[2] 凌晨光.当代文学批评学 [M].济南：山东大学出版社，2001.

等等。人们还发现，这些情感与人类的艺术情感虽然不能认为是完全相同的，但至少是有相通性的，并且由此认为这些情感也是人们能产生艺术审美情感的基础之一。彼得·福勒就认为，"美感是人类经验和潜能的某种因素的历史性特殊结构，而人类的经验和潜能又从属于我们潜在的生物存在状况，它可能被观念禁锢和替换，但绝不会被消灭。"①

这些因环境而产生的快乐、恐惧、惊奇、困惑等情感作为人的审美情感的基础，并不指向人们十分推崇的传统意义层面上的美感或美，而是比较直接地指向另一种情感经验，即被称为与美相区别并相互联系的美的另一面——崇高（Sublimity）及其相关概念（19世纪后西方广义"美"的概念中也包括"崇高"）。

在古希腊，人们认为艺术（希腊语 teche，拉丁语 ars）所创造的艺术品，如绘画、雕塑、诗歌、戏剧等，与"美"有关，但人们又发现与人工技巧（"艺术"一词本为技艺、技能之意）相关的"美"这一概念有一定的局限性，它无法涵盖另一种似乎与艺术情感极其相似的情感状态，即当人们面对宏大的建筑群、壮丽的自然风光时的那种激荡心情。于是又创造了"崇高"这一概念，它被认为是与"美"对立又相联系的。要界定崇高非常困难，因为它涉及的情感有敬畏、狂荡、伟大、无限以及令人惊奇困惑的现象，即如人们今天面对一些自然风光、宏大场景时产生的情绪。

英国人柏克在18世纪中期对崇高进行了比较深入的研究，他觉得其特征是空茫、黑暗、孤独、沉默和无限，他将其描绘为"染上了可怕色彩的宁静"，甚至以"可怕"作为其"统帅原则"。

后来的康德并不完全反对融合艺术与美的概念，他将美与崇高进行比照，为此对其进行了审美经验的对比，认为崇高附着于缺乏形式的对象，这种对象给人的印象是无限的，就像狭长的景色、海上的风暴、瀑布以及群山等。康德明确地提出，对许多关于景观或自然风光的审美经验很难（几乎不可能）用传统的美的

---

① 彼德·福勒. 艺术与精神分析 [M]. 段炼，译. 成都：四川美术出版社，1988.

形式原则加以归纳总结,虽然直到今天有人仍在做着这种努力。至于柏克为什么以"可怕"作为崇高的"统帅原则",应该说从表面上看,崇高涉及的许多情感并不都会导致"恐惧"(可怕),但在深层意义上,柏克却指出了崇高的基础,如空茫、无限、黑暗、沉静、惊奇等情感,都产生于一种人对环境认知能力的失控状态,宏大、形式不明晰等场景使人感到难以把握、了解、控制外在世界及其表象,而且感到即使付出努力也难以办到。

柏伦森强调崇高是与"融入环境"的感觉相联系的,柏伦森的许多审美体验源于自然之景合为一体的时刻,以融入环境的迷狂为特征,已经失去了自身限制与外在世界,仿佛外在世界和他本人的确融为一体了,所以人们常说,柏伦森在自然之景中发现了"崇高"。这种"神与物游,神与物化"似的体验(清代石涛即有"山川与予神遇而迹化也"之语)似乎可以印证这样的观点:崇高感比对传统美(或美的派生物)的追求更为深刻,它可以联系到情感和人类体验的遥远经历,而这种情感和体验,甚至先于完善的意识与现成世界的区别。

可能正是由于"崇高"中的这种"合为一体"的感觉,它常被视为带有玄学或唯心的神秘主义色彩,并可与某些宗教体验相联系,才影响到艺术理论领域对其多采取存而不论的态度。19世纪后,西方普遍认为传统美和崇高同属审美研究的重要范畴。美,联系于"古典主义"、轮廓、"秩序和内部关系"、分离的形式和"雕刻模式"等;崇高,联系于"浪漫主义"、色彩、"与感情调子的整体融合"、席卷一切和"造型模式"等,但对崇高的研究、重视程度是不能与对"美的形式"的研究同日而语的,在审美理论中,"崇高"很少被专门论述,常只是断断续续地被提及。

1914年克里夫·贝尔在其《艺术》一书中质疑"文艺复兴",他觉得在文艺复兴中,"自然主义"和"唯物主义"驱除了他所说的"纯粹的审美迷狂",一种类似于崇高的审美感受。他抱怨说,在文艺复兴的艺术里,"智慧正在填充感情所留下的空白",艺术家的作品则被"科学和文化"取代了。贝尔所推崇的似乎与中国画所推崇的"气韵"(谢赫六法第一法)、"心法"等相似,多指的是纯美术范畴,并不是仅指对景观的审美。实际上,今天的人们在对环境景观(包括人工的、自然的）的观赏中，"崇高"感虽然并不总是导致"合为一体"的感受，但那种融合、投入、激荡及无可名状的情绪是显而易见的，与前人并无不同。对景观艺术影响极大的西方学院派风景画家有尼古拉斯·普桑（Nicolas Poussin，1594—1665年）、克劳德·洛兰，也包括作为中国传统景观设计重要参考的山水画，其绘画特点正是立足于对"崇高"感的巧妙处理，可以使人像面对真实景观那样感受到"崇高"，通过有时抑制、有时强化崇高感的产生，建立绘画与景观、景观与观赏者之间的情感联系。

对于"崇高"的深入分析，支持这样一种论断：我们的观察性体验与外界现实的关系比我们目前通常想象的要更复杂一些，这将不再承认我们的知觉与来自外部的感官刺激之间的简单而直接的关系。

美学研究中早就注意到了这样一个事实：美感总是会变成相互对立而又联系的两大类。它或者是使人敬畏的崇高感，或者是优雅的妩媚感。其实无论我们认为在人类的历史上"崇高"是先于"美"的情感，还是如里克洛夫特认为的想象和理性从一开始就共存于一体，即崇高与美是相伴随共同出现的，我们都必须承认源于人对景观欣赏的"崇高"是一种实实在在的情感，其地位、价值、影响力都是与传统"美"相当的，并与传统"美"一起构成了完整的人对景观的审美过程、经验及情感。

以上我们从常用的景观评价"如诗如画"入手，对人们在环境景观中比较常见的陌生与新奇、漠视与亲切、融入与迷狂、崇高等心理感受做了一定的解析。但是应该清醒地认识到，我们所给予分析的这些感受只是人对环境景观多种多样感受中的一部分，而非全部。鉴于人的心理活动特点，人对环境景观的感受常具有多重性（多种感受混合出现）及转瞬即逝性的特征，所以事后回忆性的概括和描述常与实际场景中的真实感受存在一定的差异。即使这样，对人与环境景观的这些感受加以分析和研究仍是必要的，不仅可以使我们理性、明确、清晰地深入了解景观艺术及设计活动可能对人产生的作用，而且为我们对景观审美做进一步探讨提供了前提和基础。

## 第二节 景观设计的审美情感特征

景观设计被视为兼具科学性与艺术性的专业学科，在研究景观与人的感受关系时，一定会涉及的理论一个是生理学、心理学，另一个是美学。对于人的生理感受和人的心理学是从科学理性的角度去研究人对环境景观的感受，在上一节我们对人在环境景观中的一些心理感受状态做了分析，本节则对景观设计的审美情感特征进行论述。

### 一、景观设计的审美情感特征分析

在理论界，一直到18世纪后半叶，人们才采用了现今公认的"美学（aesthetics）"一词，用来称呼美的哲学，把它当作理论研究领域的一个独立分支。但是，美学事实的存在要比"美学"一词早得多，西方早在古希腊苏格拉底时代或更早就已经开始对美和美的艺术进行思考了。

美学是一个随着艺术的门类变化而逐渐扩展的概念。艺术，在希腊语和拉丁语中都有技能、技巧之意。在古代，艺术常与道德有关，同时和实用有关。中国古代的"礼、乐、射、御、书、数"被称为"六艺"，日本将香道、茶道、歌舞、乐曲称为"游艺"。在西方，绘画、雕刻、建筑在早期并不包括在所谓的"自由学科（Liberal Arts）"之中，到中世纪也没有一个统一的理论系统来概括它们。直到18世纪，巴托（Charles Batteux，1713—1780）在其颇有影响的著作《归纳到同一原则下的美的艺术》（1746）中对美做了艺术划分。由于近代西方更加强调艺术与美的关系，终于形成所谓美的艺术的概念，以区别于应用艺术。到了19世纪，随着艺术纯形式研究的兴起，尤其受到奥地利美术史学家里格尔（Alois Riegl）的《风格问题：装饰艺术史的基础》一书影响，美的艺术与应用艺术的界限也被打破了。随着现代艺术的兴起，如达达派、波普派、大地艺术、装置艺术等的出现，艺术涵盖的范围更广阔了，形式门类更丰富了，各门类之间的界限更模糊了。

实际上，在人类社会的早期，艺术是与技能融合在一起的。随着社会生产力的发展，社会劳动分工日益细化，艺术被分为各种门类、技能，现今各种艺术形式门类又出现重新趋向融合的趋势。在一定程度上，是由于对艺术的共性——美的价值理论方面的研究在不断深化、变化、扩展、融合。也正是因为"美"这一概念的变化性，要给"美"下一个正确且毫无争议的定义在今天仍然是一件困难的事。好在我们并非要把"美"的相关历史理论、概念作为主要的论述目的，所以我们可以借用一个相对公认的"美"的定义来继续我们的研讨。

英国美学家鲍桑葵（Bernard Bosanquet）认为，"凡是对感官知觉或想象力，具有特征的、也就是个性的表现力的东西，同时又经过同样的媒介，服从于一般的、也就是抽象的表现力的东西就是美"①。

我们知道人类艺术自原始时代起就表现为两种主要的方式和形态：

第一，着力对自然物体外部形态进行模仿的模仿艺术。500多年前阿尔贝蒂在其《论雕塑》中曾指出，"模仿自然创造物的艺术，起源于下述方式：有一天，人们在一段树干上、在一块泥土上，或者在别的什么东西上，偶然发现了一些轮廓，只要稍加更改看起来就酷似某种自然物"。

第二，经过特定的抽象从而创造出远离事物的自然形态的几何形态的艺术。在人类的历史中，许多具象的写实图案（鸟兽、龟蛇等），从新石器时代起，便一步步变成了抽象的几何图纹，如各式各样的曲线纹、直线纹、水纹、漩涡纹、三角形纹、锯齿纹等。

西方艺术和美学自古希腊到文艺复兴再到19世纪的整个历史进程中，一直是前一种倾向压倒后一种倾向，一直到19世纪情况才发生变化。传统美的基本理论是与节奏、对称、各部分的和谐等观念相联系的，总之，是和多样性的统一这一总公式分不开的。到了近现代，人们开始更加重视意蕴（意味）、表现力和生命力的表达。也就是说，比较注重特征。鲍桑葵的美的定义正是力图综合以上二者产生的。实际上，西方古代艺术也存在表现出意蕴、生命力、表现力等特征的艺术形式倾向，古希腊装饰、雕塑和诗歌中丰富多彩的意蕴就是很好的佐证，只是西方早期的美学家、哲学家受古希腊哲学注重理性的特点影响，更侧重也更重视对和谐与规律性的研究。

---

① 鲍桑葵. 美学史 [M]. 张今, 译. 桂林：广西师范大学出版社，2004.

但是，历史发展到近现代，浪漫主义、形式主义的美感觉醒了，随之而来的是对于自由和热烈表现的渴望。因此，美学的理论研究已经不可能再局限于认为把美解释为规律性与和谐或多样性的统一的表现就够了。这时，出现了关于"崇高"的理论（起初，崇高的确并不是在美的理论范围内出现的）。但是接着，关于"丑"的分析也出现了，并且发展为美学研究的一个公认的分支。结果，"丑"和"崇高"最终都被划入美的总的范围之内。这一结果是通过对特征以及意蕴（意味）形式的注重而实现的。但是这样得到承认的两个方面却并不总是能给人以快感的两个概念，而按照传统认识，一切美似乎都应该给人以快感。这就产生了某种难以理解之处，实际上这一问题因以下两点得到解决：

第一，人们及艺术工作者的审美欣赏范畴在事实上有所扩大，他们可以接受和感受的审美情感的范畴也有所扩大。

第二，人们承认和谐、规律性或统一等美的传统组成要素是必不可少的，同时意蕴、表现力等特征同样重要，美的概念呈现为一种包容和扩大性。

所以鲍桑葵又对美给出了一个简短有力的定义：美就是"对感官知觉或想象力所表现出来的特征"[1]。这一定义使"美"这一概念具有拓展性。根据这一美的定义，鲍桑葵谈到了自然环境的"美"。他说："因此，必须认为，在我们所谓的自然美的概念时，暗含有某种规范的、通常的审美欣赏能力。但如果是这样的话，事情就很明显了：这样的'大自然'主要是在程度上和'艺术'有所区别。两者都存在于人们的知觉或想象这一媒介中，只不过前者存在于通常心灵的转瞬即逝的一般表象或观念中，后者则存在于天才人物的直觉中。这种直觉经过提高固定下来，因此，可以记录下来，并加以解释。"[2] 不去深究鲍桑葵这段论述仍受传统美学影响而产生的局限性，我们可以看到景观设计正是融合了"大自然"与"艺术"这两个"程度区别"的事物特征。景观设计师依其知觉和审美欣赏力而产生环境作品，"固定、记录"下来（指如绘画等那种形式的实物作品），而人在作品（环境景观）中像在"大自然"中一样依靠自身的知觉、审美欣赏力去诠释、欣

---

[1] 鲍桑葵. 美学史 [M]. 张今, 译. 桂林：广西师范大学出版社，2004.
[2] 同[1]。

赏和在可能的范围内校正他人（设计师）的知觉、审美欣赏力记录（作品）。对于任何一个景观设计而言，二者缺一不可。

从这一层面上来说，有必要进一步去扩大"美"这一概念的理论范围，因为我们必须在考虑景观艺术及设计的"艺术"性的同时，把人在环境中的种种"知觉想象"考虑进去，至少是在景观艺术或建筑设计这一类领域应该如此。在环境景观中，人的感知活动具有复杂性，既可能去感知单个物体，也可能去感知环境的整体性氛围，而且这种感知活动具有强迫性，即人必然处于某一环境之中，也必然与环境中的种种事物发生关系（至少如气候变化、路径选择等是人不能回避的）。所以，我们有必要把人在环境景观中可能产生的种种心理感受（在上一节我们提到过一些），即空间感、氛围以及由此产生的恐惧、惊奇、舒适、愉悦、亲切、陌生等情绪都纳入一个更广义的"景观美"的范畴加以研究。这样做并不会降低"美"这一概念的价值（实际上现代艺术早就这样做了），反而会使之更加丰富，在人对环境景观的感知这一层面引入生理、心理学的一些理论，可以使艺术与科学更好地融合、交汇。在这一基础上，我们对"美"（至少是景观美、建筑美）的审美价值的判断可以依据以下两个方面来进行：

第一，对人的感官知觉及各种心理状态的作用强度。

第二，对人及社会产生影响的作用时间，即艺术作品的历史价值。

在更加广义的"美"的概念之下，我们可以进一步去解析景观的审美特征。景观的审美特征可以概括为一句话：就审美而言，景观就是指针对环境空间（主要是室外空间），每个人都是自己的艺术家的那个美的领域。这一论断包括两层含义：一是指人人都能从广义"美"的层面欣赏景观，二是指不同的人对景观的审美会有不同。这两层意思指向景观审美具有先天因素与后天因素相融合、相统一的特征。

我们说人人都能欣赏景观的美，即是说人都有审美天性。英国艺术理论家赫伯特·里德认为，"人类文化原始阶段的这一切证据表明，审美冲动是'人脑的最小组成部分'之一。"① 人的行为和意识不仅遵从和反映客观世界，并且创造客观世界。人的创造性活动，总是利用自然规律实现自己有限的目的。虽然目的是有限的，而且常常是从客观世界中得来的，如维持生存、趋利避害等，但一旦目的通过手段和客观性相结合，便产生了远远超过有限目的的结果和意义。人的创造活动，如人使用工具和创造工具本是为了维持、提高其服从于自然规律的生存，却留下了超越这种有限生存和目的的世代相传的历史成果。人是在为生存目的而奋斗的历史性的社会实践中创造了比有限目的层次更高的人类文明的。人的创造性活动不仅创造了文明世界，创造了自身的文化艺术，而且使人在自然存在的基础上具有了一系列高等生物的素质：认识能力（思维、语言）、道德以及审美需求等。审美需求是作为一种积淀了的内在生理、心理结构而存在的，它一旦发现了合乎这种结构的外在内容或形式，便会产生高度的情感冲动——一种超越或不同于功利需要、自然生存本性的情感，即审美情感。

我们发现，在景观艺术及设计中，形式意味（建筑物、草木、水石等的组合关系）常常比内容本身（单独的建筑、草木、水石等）更能打动人。这是因为这些形式与人类自身在长期的历史实践中积淀起来的生理与深层心理结构相通，当这些形式展示出来的种种关系——前进与后退、冲突与调和、紧张与松弛、上升与下沉、单一与多样等，与人的生理及深层心理结构相契合或相一致的时候，便产生了审美情感，一种不同于日常、与功利相关的喜怒哀乐之情的特殊感情。这种感情归根结底来自人通过对外界世界中形式因素的观照而具有的"自我意识"，即一种人类在长期的历史实践中所使用的种种技能及思考方式之结晶，或因此在生理和心理上的积淀物。在形式中闪现出的种种复杂的节奏、韵律、平衡、冲突、引力、松弛等，虽然已不再是达到某种生存目的的具体手段，但仍然可以看出人类活动的那些合规律性、合目的性的痕迹。另外，人类历史中的审美活动积累了大量的、符合审美需求的形状、符号、蕴义、形式组合等，其中许多虽然在历史中的一些阶段、在今天已经脱离了原始的客体事物含义，但对于人们而言依然保持着它们的审美效果，有的更与人类基本的审美冲动密不可分。所以，我们可以

---

① 赫伯特·里德. 艺术与社会[M]. 陈方明，王怡红，译. 北京：工人出版社，1989.

认为，人的审美冲动是一种人人都具有的、在生理及心理层面上的、带有历史发展特征的本能。

## 二、影响人的景观审美的因素

景观审美既然是一种人的能力，对于不同的人而言就可能存在个体差异或有强弱之别。但这种差异并不是决定人的审美能力的唯一因素，因为在审美活动中，后天的因素也起到很重要的作用。与人对于景观的审美有关的后天因素有很多，下面我们选择性列举：

### （一）教育

教育、教养这类因素对于人对环境景观的审美作用是显而易见的。比如，那种认为景观"如诗如画"的感受，一个不通文字、不懂诗词、不了解绘画的人是不会有这种感受的，而能产生这种感受的人显然在诗、画方面都应受过一定的教育或具有这方面的修养。

一提到秋天，许多人会想象落叶、秋风、光秃的树枝等景象而产生一种凄凉之感，这与人们受到的教育有很大的关联性，与那些"悲秋""叹秋"的诗文、影像艺术的渲染也有很大关系。在这里，即使我们不去讲秋天农户的收获喜悦、丰富独特的景观色彩，只要回想一下个人的情感历程也会发现，实际上，当一个人心情好的时候，秋天的景色从不会妨碍人的愉快；而当一个人心情不好的时候，秋天的景色会加深悲伤感，使人情绪更加低落。

"教育"当然不是仅指学校的教育，还包括学习、了解、人与人之间的相互影响、交流等求知的过程和结果。教育对人对景观审美的作用，在于它为人提供了多种认知、深化、享受景观美的途径，也为概括、凝结、提炼景观美以及升华、转移、宣泄与景观美相联系的其他艺术情感（与景观美有关的文学、绘画、音乐等艺术情感）提供了可能的途径，这些都对景观设计具有重要影响。

### （二）传统习惯

人对环境景观的认识过程与人类文明史、艺术史的发展一样，都有一定的演化痕迹，这一演化过程凝结成与社会审美趣味影响相关的传统习惯。传统习惯有时是有着强大势力的，要改变它绝非朝夕之间、靠少数人的力量能达到，但它又不是不能变化的。比较典型的例子发生在法国，1977年建筑师R.皮亚诺和R.罗杰斯在巴黎设计了"蓬皮杜艺术中心"，建成之初曾备受抨击，因为其"高技派"的建筑外形显然与周围建筑，即与传统审美习惯极不相容，但是如今这一情况已大为改观，虽然仍有批评之声，但这一建筑已为大多数人所接受，并同埃菲尔铁塔一起被视为巴黎的代表性建筑景观。有意思的是，巴黎埃菲尔铁塔刚建成的时候与蓬皮杜中心的情况一样，也是在一片骂声中被逐渐接受，并在现今成为巴黎城市景观的"标志物"。另一个例子是法国的卢浮宫改建，建筑师贝聿铭当时的设计方案一出，从专家学者到民众批评之声群起。的确，在卢浮宫这样的传统古典建筑中修造玻璃、钢架的"金字塔"实在违背传统审美的惯例，但当方案实施建成后，很快就被人们接受并得到好评。

传统习惯的演变是一个复杂的问题，就总体而言，人们在景观审美中虽因袭传统习惯、拘于社会审美趣味，但几乎没有人的欣赏趣味是一成不变的，人一方面遵循着传统习惯的轨迹，一方面又求新求变，在这期间存在一个变化的适度与平衡的问题。同样，在景观设计中，变化与新奇也应以充分考虑传统习惯为前提。

### （三）民族、地域的文化背景

由于不同的自然环境、生活方式、社会制度、观念、信仰、文化传统、意识形态等，对于景观艺术与设计，不同民族、不同地域的人有着不同的审美（喜好）倾向，即使对于同一景观，不同民族、不同地域的人也会有不同的感觉。这种因民族、地域不同而对景观产生的不同感受古已有之，如欧洲中世纪的人们与同时期中国的人们对自然山水的感受就大为不同。自然景色、山水风光是当时中国古代文人墨客最为欣赏的审美对象，是情感寄托的载体，但对于欧洲中世纪的僧侣、教士、农人等来说，自然山水常被看作魔鬼的化身、诱惑或藏身之所，避之唯恐不及。

即使在不同民族、不同地域,人们的文化交流日渐频繁、全球一体化趋势日渐增强的今天,民族、地域的文化背景仍对人们欣赏景观及对景观的审美影响很大。缺乏对某些民族、地域文化背景的了解会制约人们对某些特定景观的心理感受;反之,一定程度的了解无疑会深化人们对景观的感受。例如,在由 177 个岛屿集合而成的意大利"水城"威尼斯有这样一座极小的岛屿:它外表呈不规则的五边形,边长不超过 100 米,五面皆环水,被城壕似的运河紧紧环绕。河边楼房建筑物连绵高耸,像一圈结结实实的城墙,隔断了岛内、岛外两个世界。岛上楼房有的高达七八层,立面除窗洞外毫无装饰,这两个特点在威尼斯实属罕见。因为威尼斯有水陆两套街道交通系统,运河水巷算是"阳关大道",所有建筑面朝水的那个立面都精雕细刻,大多是哥特式或文艺复兴式的繁复装饰,正门也总是面朝运河,陆地上的街巷只与朴素的后门小院相通。另外,威尼斯建筑很少有超过三层的,突然冒出这样一个外面看去布满高层建筑(实际上,在岛内部这圈高楼团团包围的是一片开阔地,威尼斯人称作"Campo"的广场,中央还有一口威尼斯常见的水井)的小岛,非常突兀,一般游人见到的景观无非如此。

大概 160 年前,法国"高蹈派"文人泰奥菲尔·戈蒂埃(Theophile Gautier)见到这个岛时,同样注意到了岛上建筑高度的异乎寻常,但他同时注意到另一个现象,即建筑外立面装饰中基督教宗教符号的缺失——在这里威尼斯随处可见的神龛没有了,街角的圣母像和十字架也都不见了,而这一现象如今的许多游人也常常难以觉察到。当游人知道了这是什么所在,许许多多的疑问就有了答案,这个威尼斯小岛就是"格托 Ghetto"——历史上犹太人的隔离区。在威尼斯共和国后期,从 16 世纪到 18 世纪二三百年的历史里,威尼斯的犹太人被限定居于此(白日里生活工作可离开),建筑物的无装饰是宗教信仰使然,建筑物的高度是人口膨胀的必然(无奈)选择。而当游人了解了这样的历史背景之后,对这样一个景观的感受就完全不同于当初。

这样的例子有很多,如日本知名的龙安寺枯山水庭园,我们会注意到其庭内摆设的 15 块石头依 7、5、3 奇数的数目组合排列,为什么要这样?实际上,这种对庭石依数目的组合排列是日本美学思想的一种反映:日本的禅宗、茶道、插花等艺术主张于不平衡中求平衡的奇数基调。奇数的数量组合可以很好地表达非对称、不均齐、在不平衡中追求平衡的日本民族的美学思维。而且日本从江户时代起，人们就普遍认为3、5、7等奇数为吉祥数字而广泛使用，所以在日本不仅许多重要的节庆日大都为奇数日，日本的俳句或和歌是奇数，就连生鱼片的摆盘也是由奇数组合构成的。故日式庭院的石头以奇数组合排列，在日本民族的文化背景之下就是一种必然了。民族、地域的文化背景对人们欣赏景观的影响有时是很大的。不知道《三国演义》中故事的人，显然会影响其对襄阳长坂坡、赤壁、荆州等地景观的欣赏，而不知"白娘子与许仙"故事的人，对杭州西湖雷峰塔的审美必定会大打折扣。

但有时，民族、地域的文化背景对人们欣赏、参与某些景观又不一定会产生太大的影响。即使一个人不了解西方"狂欢节"的历史宗教背景，处在这样一个场景中，也不难融入其中，被其感染、打动。就像一个人可能不了解中国端午节与屈原的关系，但赛龙舟、粽子等仍会令其着迷。所以，民族、地域的文化背景往往在以下两个层面对人们的景观审美产生影响：

第一，民族、地域的文化背景是某一地域民族文化传承、总体审美趣味、风尚沿革的历史性"积淀物"，其深植、生长于特定地域、特定民族人们的思想意识之中，并直接影响人们的审美喜好和倾向，如日本人尊崇、喜好的"利休色"与日本自然景观中常见的幽雅、柔和、古朴、灰朦意象相适应，又符合日本民族素朴美学内敛、雅致、空寂的禅学要求，所以备受日本人喜欢。

第二，民族、地域的文化背景对景观审美影响可以深化人们对景观的感受，使人与景产生心理感知，而且产生情感思想乃至思维想象方面的共鸣，这种共鸣有时会不再使人对景观仅限于审美心理上的感知，而常常会使观者自觉或不自觉地产生某些感受、想象、感悟，这无疑会使人们进一步深刻地理解景观艺术及设计。

**（四）其他因素**

人对于景观的审美，不仅常常与上面提到的教育、传统习惯、民族地域等文化背景有关，还与个人的气质、人生经历、情感历程、心理状态以及一系列心理因素（如意向、愿望、想象力、认识、心境、欲求等）有关。比如，常年生活于平原、山地等内陆地区的人常常对大海充满向往，面对大海时心情激荡；常年生活于城市中的人则对原野、荒漠、高山充满赞赏等。由于人与人的具体情况存在差异，以上提到的这些与景观审美及景观艺术相关的因素实在难以尽述。

依据以上的分析论述，我们可以初步建立关于广义景观审美的概念模型，如图 2-1 所示：

| 主体 | | 客体 |
|---|---|---|
| 环境认知心理 | | 教育 |
| 形式美的原则 | | 传统习惯 |
| 个人人生、情感经历 | 景观审美的概念 | 民族、地域文化背景 |
| 个人的气质、性格 | | 社会时代风尚 |
| …… | | …… |

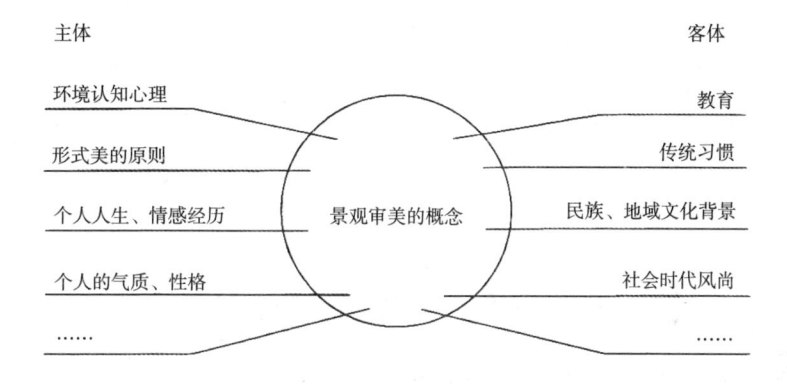

**图 2-1　广义景观审美的概念模型**

对于一个问题，以建构模型或图表的方式来加以解析，是为了使这一问题条理清楚，易于理解掌握，但建构模型或图表的方法常常有可能会掩盖问题本身的复杂性和运动性。对于该图，应有以下两点认识：

第一，为了表述清晰及条理性的要求，图中分列主体（人）与客体（外在世界）两个借用的哲学概念，至少在景观及其相关的艺术和设计理论中，这两个部分常是混为一体、难以区分的，即主体（人）总是也必须是存在于客体（外在世界、外在社会）之中，或者说是必然具有客体背景的。而在景观设计及艺术中，离开了主体（人）的外在世界也是无意义的。

第二，同样是为了条理清晰、便于表述这一目的，图中分置多个概念，如环境认知心理，形式美的原则，个人人生、情感经历，传统习惯，教育等，其中每一个概念都包含相当广泛的内涵，如"形式美的原则"包括线条、形状、色彩、声音、时间、空间、节奏、韵律、变化、平衡、统一、和谐或不和谐，在一个简要的模型中是难以逐条全面涵盖进去的。而且，模型中的这些已被列出的概念之间也不是泾渭分明的，常是相互融合、渗透，互相关联的，如"教育"这一概念，并非单指学校教育，"传统习惯"中口述的文化、风俗、上代人对下代人的言传身教等，也都是一种教育。所以，对于这个广义的景观审美概念模型而言，若要更好地了解它，应该将这一模型理解为一个由模型中列出的多种概念及未列出的概念相互交织、穿插、交融而成的混沌的"关系"体系，共同作用于人对景观的审美活动。

虽然有时在具体的景观审美实践中，似乎这一模型中的某一项概念是在起着某种主要作用，如我国改革开放初期城市景观规划中对"香港模式"的推崇、模仿，这似乎是模型中"社会风尚"因素的作用，但实际上这一景观审美倾向与教育、传统的缺失，对人性、地域特点的漠视等有关，也是多种概念交织互动、共同作用的反映。

## 第三节　景观中的动态特征因素分析

人们常用"景色如画"来形容景观、风景的美。本书提到景观设计与绘画的历史渊源极深，法国贵族吉拉丹就认为凡不能入画的园林、建筑都不值得一看。有一种比较普遍的认识：似乎景观的设计是以绘画的形式原则来构思，而景观的观赏则是对"由实物所构成的画面"的观赏。虽然早在18世纪英国造园家"改良者"朗塞洛特·布朗（也有称其为"潜质"布朗的）的弟子赖普敦就指出："画与园不能等同视之，由于视点、视野、时间等差异，景观与画面有本质不同。"[①]但是他似乎也没有明确地认识到，景观艺术及设计作为一种能够使人直接"深入其境"、直接作用于人的肉体与心灵的"活的"艺术形式，具有物的活动性，即"动态性"以及由于这种"动态性"而产生的人与景观的交流、交互性特点，才是景观艺术及设计能够与绘画等艺术形式相区别的基本特征。

景观设计作为"活动的"实物性艺术形式，其动态特征因素不仅包括景观设计的基本构成物——草木、水、石、建筑、空间等"原置性"部分，也包括那些"后

---

① 童寯.造园史纲[M].北京：中国建筑工业出版社，1983.

置性"部分——天气、光影、声音、气味、温度等,更存在于景观的观赏者"人"的生理、心理、行为活动及社会性特征中。景观设计不只是依照点、线、面、体、色彩等艺术形式美的原则对自然要素(草木、水、石等)与人造物(建筑、雕塑等)瞬间照相定格式的构合和叠置,还是对物与人以及所有静态、动态性因素的全面把握和系统化整合,即在动态之中求得某种稳定的图像——提供景观观赏的可能性,在静态之中看出(呈现)动态的活力——使景观特有的美感的产生成为可能。在景观艺术及设计中,草木、山石、水、建筑、雕塑等几乎所有的构成部分都具有动态性特征,对景观艺术及设计的特征形成作用重大,不可缺少。

## 一、线条、质地与形体组合

英国诗人布莱克对艺术与生命的基本法则有着独特的认识,认为越是鲜明和独特的线条,越会呈现出完美的艺术品;反之,作品就显得没有想象力,也没有创意,是粗制滥造的作品。在艺术作品中,线条蕴含着生命力,是动态的。在景观艺术以及景观设计中,常常会看到物体边缘线条有着不清晰的几何秩序,一般来说,边缘都是非常富有变化的线条,这样呈现出的边缘显得躁动不息,进而给人一种充满活力与动态的美。此外,这些线条还将块面组合勾勒出来,观赏者在进行观赏的时候,非常容易产生物体在运动的错觉。

在绘画界有一种著名的方法,名为"塞尚—伯伦森方法",这一方法认为观众在对绘画进行欣赏时的经验既属于视觉,也属于触觉,并且在一定场合和一定程度上属于触觉。不管是山河,还是树木、山影等线条,都是很难具象化的,是不可捉摸的,线条之间相互交错,产生了各自独特的形体,在表面有着不同的质地,有的细密,有的粗犷,有的虚幻;有的摇曳生姿,有的粗粝坚实,有的如镜一般荡漾。中国古代文人对太湖石有如下评价:"透、漏、瘦、皱、活。"其中就包含对太湖石形体特点和材料质地的描述,即"透、漏、瘦、皱",剩下的"活"则是对太湖石动态感的描述,将蕴含其中的灵性与动态美描述出来了。在对景观进行观赏的时候,欣赏者可以看到视野中的物体有着非常活跃的边缘线条变化。面对各种质地的对比掩映,看到被遮盖、切割的各式形体,欣赏者很难对景物的具体形式进行把握。观赏者在欣赏景观的时候，视线实现了以下循环：单个对象—整体视觉印象—单个对象，景观的魅力就是在这些循环中体现出来的，在线条、质地与形体的组合之中让人感觉景观具有的动态与活力。

## 二、空间、视点、透视

组合相同的或者不同的线条、质地的物体就产生了空间，会带给观赏者空间感。在社会中普遍存在一种观点，即中国古典园林主要是对观赏者进行引导，引导其到达指定地点，对预设的美景进行欣赏。以上这种观点有一定的道理，但是这一观点并没对如何用设计手法引导观赏者这一问题进行说明。引导的结果很重要，引导的过程也不能忽视，引导观赏者到达预设景点的过程，正是利用了人的空间感来完成的。

要想形成空间感，就需要考虑以下因素，即人对环境的一个判定、人的认知心理、人的视点、景观的视觉效果等。在观赏景观的时候，我们可以发现除了纪念性的建筑景观之外，很多时候，从物体的各个方面来说，观赏者面对的物体的正视面一般不具有空间感，也缺少动态美，此种情况下，物体与它的一个单面的外貌重合。但是，当人们开始走动或者目光开始扫视的时候，透视角就会发生变化，此时，景观的形式就会出现改变，观赏者会感受到非常强的立体感，空间感顺势产生。人们在走动的时候，景物从人们身边移开，在不断地运动，这主要得益于景物所具有的纵深的空间感。换句话说，是景物所具有的在统一画面中的层次感。层次感越是鲜明，越有着独特的景观，人们可以感知景观的变化，景观轮廓变化幅度越大，越让人产生兴趣和快感，越能吸引人驻足观看和欣赏，这样的景观具有"吸引"的作用。清代乾隆皇帝曾在北京北海琼华岛上御笔写下《塔山四面记》，深情赞曰："室之有高下，犹山之有曲折，水之有波澜。故水无波澜不致清，山无曲折不致灵，室无高下不致情。"[1] 其中"山无曲折不致灵，室无高下不致情"正说明，在一些需要对主体景观和建筑物进行突出的设计中，即便需要讲究对称，也会设置一些雕塑、水景等，以此实现景观设计的空间变化，满足人

---

[1] 李敏. 诗画生境：中国园林艺术赏析 [M]. 北京：机械工业出版社，2022.

们视点的运动要求。此外，还可以对景观场地地坪的升降变化进行改变，以实现良好的效果。

在景观设计中，设计师也常常使用多点透视，这一点在中国传统画论中也有所体现，如"石分三面、树方四枝"的观点。在景观设计中，如何处理多个形体组合的手法我们可以在北宋郭熙的《林泉高致》中找到答案："山有三远，自山下仰山巅谓之高远，自山前而窥山后谓之深远，自近山而望远山谓之平远……高远之势突兀，深远之意重叠，平远之意冲融而缥缥缈缈。"[①] "三远法"是中国传统山水画中常用的手法，一般会在画中交错使用，可以将画的空间感和层次感营造出来，呈现出动态性。在绘画中，"三远法"可以使人们在动态中实现对景物的观察，与人们对景物观察时的心理状态和生理状态非常吻合，这是一种从多点透视转变为散点透视的过程，在动态变化中，景观形象出现了变化，丰富了人们的视觉。

## 三、动态的"人"的因素

众所周知，景观是人为设计和建造的，我们可以说景观设计的艺术目的在于对人的审美需求进行满足，同时满足人们的生命化感受。景观并非高高在上的孤立观赏品，不是用实物堆砌而成的图画式艺术形式，而是一种直接作用于人的艺术形式，是一种从感知到享受、从生理到心理都直接作用于人的感受过程。景观与人之间的关系常常是直接涉及人的本性和本能并直指人的内心世界的整体性感受。因此，"身临其境、人在景中"是景观艺术及设计的又一特征。

作为景观中的动态因素的"人"，是以人的活动、行进、停留等行为方式，以人所具备的各种感觉能力（视觉、嗅觉、触觉、听觉等）来感受景物，即使在使用视觉系统时，也不仅有审美式的凝神观照，还有眺望、近观、扫视等观察方式。

人在景观中，不仅是作为观赏者出现的，有时候也作为动态的构成要素组成景观。比如，人在喧嚣的广场上对于景观的作用非常大。在对园林进行欣赏的时

---

① 郭熙.林泉高致[M].周远斌，校.济南：山东画报出版社，2010.

候，游人对整体景观的氛围营造有着重要影响。在景观中，人是一个组成因素，具有不确定性，在景观中不管是欣赏者还是参与者，相对于其他游客来说，观赏者都成了景观中的一部分。在景观时，人的很多附属物品也会构成景观，如车流、服饰等。当前，随着技术的进步，以及生活方式、审美需求的变化，人们对景观的欣赏方式发生了变化，对于景观的欣赏角度和范畴也有了拓展，人们的景观审美感受也在这一过程中出现新的变化与发展。

## 四、景观中的"生长性"因素

景观的"生长性"因素主要指的是景观因为外在环境变化而产生的动态特征。景观就如同被移植到某一个特定场所中的树一般，它需要与周围的环境相适应，适应需要一个过程，这个过程是其被周围环境包容和接纳的过程，也被称为"融合"过程。在这个过程中，景观会涉及生态因素、历史文化因素等，必不可少地会受到社会审美因素的影响，会受到风尚、意识形态、人的心理习惯等方面的影响。

此外，景观也会如同树木一般经历不同的阶段。也就是说，会有一个生、长、盛、衰、亡的过程。在不同的生长阶段，景观会为人们呈现不同的景色，带给人们不同的审美感受，这正契合了最初设计时强调的"新奇感"。景观在被人们认可和熟悉之后，会具有"特征性"和"标志感"的特点，并且在历史和文化的加持下，随着时间的推移，会逐渐具有"历史感"和"沧桑感"，即使最后破败不堪，也会给人一种"废墟美"。

## 五、心动因素

景观设计不仅是以某些形式美的原则或人对于环境的心理感知特征来创造广义的景观美感打动观赏者，即让景观的观赏者只限于审美心理学的无意识或有意识的感知层面，而是会更深入一些，去调动观察者的深层意识、情感和想象，使人"心动"并与景观产生某种共鸣。景观艺术与设计正如英国批评家佛莱所说："艺术旨在揭开各种生活情感在心灵上打下的烙印，而不是唤起实际的经验，从而使我们在没有经验局限和特定导向的情况下产生一种情感共鸣。"[1]

"象征"与"抽象"是景观艺术与设计中常使用的手段，主要可以达到情感共鸣，产生"心动"的效果。在景观艺术和设计中，以一石代山、一水代河、一木代林都是常见的表现手法。设计者在对人工景观的自然风光进行设计的时候，一般会从人的"投射"心理出发，借此因物造型、因形取义，在某个景观或者部分景观中，赋予其人性化的寓意和内涵，借助其类似动物、仙佛、传说之形态来增强景观的情趣和内涵，使得景观具有易读性，进一步拓展人们的想象空间。在英式庭园中常常会对古建筑残迹进行仿造，在中式园林中常常使用匾额、对联等，这些都是通过对"诗意""人迹""史迹"的导入，使人们在欣赏园林的时候产生追古思今的感慨，进一步思考人生、历史等，让景观具备人文内涵。象征手法在景观艺术以及设计中常使用的有：特殊性的"符号"、感性化的含义、不太难的猜测和一定的思想深度等。

在景观艺术与设计中运用抽象与象征手法，在似与不似、形与神、运动与恒定之间，在人的感性与理性之间可过渡（也吸引人过渡）的距离感与平衡中，使观赏者在感受美感形式表象的同时，更能感受到一种景观特有的"心动"和想象的意趣。

以上提到的能够体现景观艺术及设计动态特征的几个方面，在构成景观的过程中，常互为表里、各有侧重，共同形成景观的动态化特征，并对各种景观设计手法的运用起到某种指导性作用。在设计实践中，应当特别注意，景观艺术与设计并不是越复杂怪异越好，也不一定要穷尽所有方式，针对不同的景观设计，应该有所取舍、侧重，和谐和适度很重要。

## 第四节　景观设计的功能性特征

景观是为了满足人的使用要求，景观设计一方面与艺术紧密相联，另一方面景观的设计和建造又需要科学技术的指导和支持，所以人们常说景观设计是科学

---

[1] 赫伯特·里德. 艺术的真谛 [M]. 王柯平, 译. 沈阳：辽宁人民出版社, 1987.

技术与艺术相交汇而产生的一门专业学科。虽然景观设计在不同的地域、不同的民族，呈现出多姿多彩、风格迥异的形式，但"满足人的使用、艺术性、技术性"三者却始终是构成一个景观的基本要素。公元前1世纪罗马建筑师维特鲁威认为"实用、坚固、美观"是构成建筑的三大要素，其基本思想同样适用于景观艺术与设计。当然，随着人们对艺术与科学技术日渐广泛和深入的了解，这三要素在今天又有了一些丰富和变化之处。其中，三要素中的"实用、坚固"指的是"满足人的使用、技术性"，二者都可归结为景观艺术及设计的功能性特征与物质技术条件两方面，分述如下：

## 一、景观设计功能性特征的体现

不同的景观或同一景观可以有多种不同的设计目的和使用要求。比如，同样是城市广场的景观设计与建设，可以有突出城市标志、游乐观赏、集会活动等不同侧重的设计目的；同样是街道的景观设计，居住、商业、文化等不同的设计重点可能产生极不相同的景观形式等。但各种类型的景观都应该满足下述基本功能要求：

### （一）满足人体活动尺度的要求

人在景观物质构合、心理辐射所形成的空间中活动，人体的各种静态及动态尺度与景观场地、空间具有十分密切的关系。为满足人们使用活动的安全、舒适需要，应该熟悉掌握正常人体活动的一些基本尺度以及特定人群（老年人、儿童、特殊人士等）活动的基本尺度，如适宜于人坐、行、伸展、行动等的尺度要求，人在观赏景观时视线、视野、视角等的生理尺度要求。

### （二）满足人的生理要求

对于景观而言，主要包括人在景观场地中（含室内、室外）对于阳光、温度、湿度、空气质量、声音、气味、通风、采光照明等方面的基本要求，它们都是满足人们正常生活、行动所必需的条件。

### (三）满足人的行为特点要求

处在各种类型的景观中的人们，其行为及活动方式常常有一定的特征和规律性，如人群的聚合与分散、行进与停顿等，常常是依照一定的顺序或路线进行的。一个好的景观设计必须充分考虑人们的活动顺序、特点、行为及心理，只有这样，才能安全合理、合乎使用要求地满足人的行为特点需求。

### （四）满足环境保护与人的持续生存、发展要求

景观的设计和建造常常会涉及自然生态环境的多个方面，有时难免会牵扯到如地形、土壤的变动，植被、动物的变化，自然资源的利用，空气及水质的改变等。面对这些问题，注重环境保护、生态平衡，尽量减少对自然资源的消耗，控制环境污染等是十分必要的。景观设计不仅要满足人的生存、生活、生产发展的需求，还应该兼顾生态文明建设、环境保护与可持续发展，这一点在当下尤为重要。

## 二、实现景观功能的物质技术条件

景观艺术与设计中的物质技术条件主要是涉及景观是用什么建造和怎样去建造的问题，一般包括景观设计及建设涉及的材料、结构、施工技术和建设中的各种设备等。

### （一）结构

在景观艺术与设计中常常包含一些人工构造物，如建筑、桥、雕塑、路、水池、假山等。所谓"结构"，就是指这些人工构造物的骨架。结构为人工构造物提供了合乎使用要求的空间、形象，并承受人工构造物的全部荷载，减轻风雪、雨水、地震、土壤沉陷、温度变化等因素可能对人工构造物造成的影响和破坏。结构的坚固程度直接影响景观中人工构造物的安全和寿命。景观中人工构造物的结构形式、类型非常多，仅就景观中常见的建筑物的结构形式而言，就有砌体、柱、梁板、拱券、桁架、钢架悬挑、壳体、折板、悬索、充气等结构类型。

### (二) 材料

景观中的材料主要包括石、植物、水、人造物等，这里的材料主要是指景观中人工构造物使用的材料（如绿化的植物等构成景观的材料）。在景观中，材料的使用对于人工构造物的结构有重大影响，新材料的使用直接推动着人工构造物结构的发展和进步。同样，材料对于景观中人工构造物的装修和构造来说也十分重要，如玻璃的出现为人工构造物的采光、造型等带来了新变化。景观中使用的材料基本可分为天然的和非天然的两大类，它们各自又包括许多不同的种类，为了"材尽其用"，应该了解景观对材料有哪些要求以及各种不同材料的特性。

在景观艺术与设计中，对于材料的特性，应该主要掌握如下几个方面：强度（在各种力，如拉力、压力等作用下）、防潮（在干湿度变化条件下）、胀缩（在温度变化条件下）、耐久性（在时间变化条件下）、装饰效果（色彩、质感）、维修性（是否易于维护、修理）、耐火程度（属于易燃烧、难燃烧还是不燃烧）、加工就位（加工的难易、工具、安装的难易）、重量（用人工还是用机械移动）、隔热隔声（保暖、导热效果、吸音、反射、共振等）、污染性（对人及生态环境的显性或潜在损害）、价格等。由此可见，强度大、自重小、变化小、性能强和易于维修加工安装、价格低等是人们对景观材料的理想要求。而且，在选用材料时，应该注意就近取材，尽量减少对自然资源（尤其是不可再生的自然资源）的损耗，不能忽视材料的经济和生态环保问题。

### (三) 施工

在景观艺术与设计中，人工构造物是通过施工把设计变为现实的。施工一般包括两个方面：施工技术——人的操作熟练程度、施工工具和机械、施工方法等；施工组织——材料的运输、进度的安排、人力的调配等。

景观艺术及设计中的一切意图和设想都必须通过施工才能变为现实，任何设计都要经受实际施工的检验。

景观设计工作者不但要在设计工作中周密考虑景观建造的技术可行性及施工

方案，还应该经常性地深入施工现场，了解施工情况，以便协同施工单位共同解决施工过程中可能出现的各种问题。

景观艺术及设计中的功能性特征涉及科学与技术的多个方面，并且随着人类科学技术的发展，景观的诸多功能性特征也会随之丰富和深化。除了满足"人的使用性、技术性、艺术性"三个基本要素，景观设计还应该注意安全、便利、舒适、经济、环保等原则，以及景观的结构、材料、施工等方面，这些对景观艺术与设计的整个实现过程与最终效果都具有重要影响。

# 第三章 当代景观设计的方法

景观设计是多项工程相互协调的综合设计,就其复杂性来讲,需要考虑交通、水电、园林、市政、建筑等。只有全面了解景观设计的流程,并熟练掌握景观设计在构思、布局、造景等方面的各种方法,才能在具体的设计中运用好各种景观设计要素,安排好项目中每一地块的用途,设计出符合土地使用性质、满足客户需要、比较适用的方案。本章介绍当代景观设计的方法,主要包括景观设计的流程、景观设计的构思、景观设计的布局与结构、景观设计的视线与造景。

## 第一节 景观设计的流程

景观设计包括城市和地域的规划,城市公共空间及绿化,风景及旅游区的规划,城市生态设施规划,校园、居住区、办公设施、工业园区的规划等。无论何种规模的景观设计项目,其设计流程大体都分为调查分析、设计方案、方案表达三个阶段。

### 一、调查分析阶段

调查分析阶段主要是对现有资料的调查、收集和分析,包括景观设计范围的确定、自然因素的调查分析和人文因素的调查分析。

#### (一)景观设计范围的确定

景观设计需要确定的是基地本身加上更大尺度的景观空间所得到的景观范围。不仅要考虑设计场地的范围,还要考虑以设计场地为核心的更大范围,其原因可借用约翰·蒂尔曼·莱尔在《人类生态系统设计：景观、土地利用与自然资源》一书中写的一句话："……事物之间相互联系并相互作用，所以在设计各种尺度的景观时，设计者需要找到景观之间的关系网络并保证其不被破坏。在创造新的关系脉络时，可以将景观放置于更大的尺度空间中进行设计考量。"[①]

### （二）自然因素的调查分析

自然因素需要分别调查分析场地外部环境和场地内部环境。场地外部环境包括：调查周边的主要景观，寻求新景观与原有景观、与周边交通情况的协调统一等。场地内部环境包括：场地形状，场地地形地貌的坡度、面积、地势等，场地硬质景观及软质景观的位置、朝向、功能、面积、历史等特征，场地自然条件的日照、气温、降水、风向等天文资料。

### （三）人文因素的调查分析

人文因素包括人口数量、文化素养、社会背景、文化古迹、历史传统、民俗习惯、生活场景等。

在清代小说《红楼梦》第十七回《大观园试才题对额 荣国府归省庆元宵》中贾政说："倒是此处有些道理，虽系人力穿凿，却入目动心，未免勾引起我归农之意。"但是宝玉认为："却又来！此处置一田庄，分明见得人力穿凿扭捏而成。远无邻村，近不负郭，背山山无脉，临水水无源，高无隐寺之塔，下无通市之桥，峭然孤出，似非大观。争似先处有自然之理，得自然之气，虽种竹引泉，亦不伤于穿凿。古人云'天然图画'四字，正畏非其地而强为其地，非其山而强为其山，虽百般精而终不相宜……"其中，"百般精而终不相宜"的原因就在于没有调查分析场地外部环境，没有做到新景观与周边环境的融合，使得新景观突兀于环境之中。

中外有不少新景观与周边环境完美融合的景观设计案例。比如，著名建筑大师贝聿铭设计的苏州博物馆新馆是现代建筑，但是和周边的明清园林拙政园和忠王府融为一体，这是因为苏州博物馆新馆尊重周边环境，传承了传统园林及建筑

---

[①] 约翰·蒂尔曼·莱尔.人类生态系统设计：景观、土地利用与自然资源[M].骆天庆，译.上海：同济大学出版社，2021.

的特色：其一是采用白墙灰瓦的色彩，其二是坡屋顶的建筑造型，其三是建筑围合庭院的内聚式空间，其四是细部设计，如框景的渗透、圆形洞门、竹径通幽、祥云置石等。

又如，新东京外国语大学校园空间与周围环境相融合，设计师使用一条线路将学校西南部与商业区建立起联系，这条线路为校园生活提供了便利，也为商业区带来了更多的消费者。

设计的一大特色创造了两大户外空间与一系列小空间。首先，沿着轴线道路建造了不同功能的社交场所，主入口为商业中心区提供了自行车停车点和休憩场所，进入学校后可以看见一个圆形广场，这是校园的中心花园，广场主要连接各个功能分区，如图书馆、教学楼、宿舍、咖啡馆，同时承载了校园的主要聚会功能。

设计的第二大特色是另外两个中心花园，这两个中心花园分别建造在校园东西部连接处，以及东部未来将要建设的绿色活动中心。为了达到学校要求的户外座椅和开放式景观的目的，设计师在这些空间中加入很多几何图形的花园以及金字塔式的三维立体广场，利用对比鲜明的园路铺装达到了指示交通的目的。

要想做到对现有资料的有效调查、收集和分析，可以将基地的具体位置、尺寸数据、地形地势等资料标注到草图上，也可以询问使用者和当地人，或申请相关部门的协助。

## 二、方案设计阶段

方案的设计包括立意、布局、造景和要素设计。首先，确定功能分区。出入口的确定，地形规划、植物规划、布局形式的确定，景观序列的确定，各区域内景观设施内容的确定，各景观设施间的组织关系的确定。其次，确定道路交通形式、宽度、材料。停车场的布置、植物种类色彩冠幅、儿童游戏区、设施位置的安排、设施样式的选择。最后，确定座椅的形式、位置、材料。

## 三、方案表达阶段

景观设计方案的表达方式包括文字、图纸、动画、模型等。

文字部分即设计说明部分，主要内容是设计概况、设计依据、设计原则、指导思想、设计主题、设计构思与布局、主要景点分述、要素设计、经济技术指标等。

图纸部分包括以下内容：

构思草图：根据场地状况和设计主题将设计灵感进行快速表现，绘制草图。

位置图：景观没有孤立存在的，需用位置图表明设计场地和周边环境的关系。

总平面图：即景观设计细化阶段所形成的平面方案图。

效果图：以三维形式形象地体现设计意图和景观效果，有总体鸟瞰图和景点效果图之分。

分析图：有助于将自己的设计思想和设计方式方法更加充分、直观地表达出来。

剖面图、立面图：针对某个空间或某个方向从立面上的艺术处理、竖向的高差安排和结构上的材料选择进行较为细致的分析。

要素布置示意图：如灯具布置示意图、景观设施布置示意图等。

随着动画和模型制作水平的提高，动画和模型在景观设计表达上得到广泛应用。另外，立体图纸、图册等也丰富了景观表达的形式，这些都有助于景观设计师全面、生动、形象地表达设计作品。

## 第二节　景观设计的构思

"造园之始，意在笔先"，设计前的构思也被称为立意，是将设计的主旨形成于脑海中，这也是设计师根据场地的需求，融合艺术表现手法和现有环境条件等因素，进行综合考量产生的总体设计意图。

### 一、景观设计主题的创意与来源

#### （一）园林的性质和地位决定了设计意图的产生

皇家园林的建造意图就要体现出皇室的尊贵地位以及雍容大气。而在私家园林中，设计意图则因为建造者群体的鲜明特点更加突出主题，有的注重宗族文化、文人情怀，有的向往平顺的仕途或超脱的世俗，但大多数人还是向往自然山水与怡然自得的愉悦。因此可以看出，园林主题的确定与建造场地的功能有着必然的联系。

**（二）主题的创意要注意地域性**

主题不是凭空产生的，必须基于当地的地域特性，包括两个方面：社会特色和自然特色。社会特色是将当地的历史文化，如历史、传统、宗教、神话、民俗、风情融入其中，以适应当地的风土民情，凸显城市的个性。自然特色也不可忽视，要适应当地的地形、地貌和气温、气候。特拉维夫港口的拉宾广场设计在保留原有地形、地势、植物、自然景观的基础上，利用艺术手法与布局形式将广场与场地环境融合，形成"宛如天工"的效果。

场地高低起伏的地形条件，丰富了广场的竖向层次；标志性的建筑、标识、地貌特征，为空间营造了独特的区域认知感，增强了广场的可识别性，也给游览者留下了深刻的印象。

对于具有历史文化底蕴的场地，设计师则将场地设计重点放在通过表现手法加强场所的历史文脉，如北京元大都遗址公园的设计，就将元代的历史文化作为重点予以表现。遗址公园通过壁画、雕塑以及遗址建筑的表现手法，体现出元代的繁荣景象以及与世界文化的融合。对于历史文化遗址的设计和潜在文化价值的挖掘，对于增强民族自豪感和爱国精神有着重要作用。参观者在游览过程中与环境产生互动，沉浸于文化氛围中，更能激发民族自豪感。

地方精神在设计中也是文化表达的重点，如位于北京奥林匹克公园内的"龙之谷"设计项目。该项目的设计遵从斜向机理，保留场地原有水系与林带，从三个方面对设计主题进行表达与升华：一是从中国园林设计理念角度考虑，避开了子午线；二是从自然角度考虑，根据场地位于华北地区冬夏两季的光照和风向特点，既阻挡了冬季的寒冷西北风，也减少了夏季长时间的西晒导致的气温上升，可以使场地的自然环境更加舒适；三是从历史文化角度考虑，不仅体现了北顶庙的重要地位，而且反映了明清以来北京古城至古北口的交通古道。这种斜向机理设计的保留手法还与城市的正南北向机理形成地图对比。

（三）主题的来源和设计师的性格有关

同样的场地，不同的设计师赋予不同的主题，设计主题一定程度上表现了设计师的性格特征。对于战争纪念碑的设计，大部分设计师会采用高大宏伟的纪念碑来表达对英雄的崇敬。但是美籍华裔建筑师林璎把越战纪念碑设计成倒"V"字形，中间高两侧低，逐渐伸入地下，显得绵延而哀伤。在她看来，美国对越南发动的这场战争给美国人民带来了苦难，就像大地上的裂缝一般。并且她认为最应该被记住的是为战争牺牲了的每一位战士，而不是战争的名字，所以她在光洁的大理石上刻上了每一位战士的名字，人们站在纪念碑的前面，抚摸着战士名字的时候，怀念、尊敬等情感油然而生。

## 二、景观设计主题的构思方法

### （一）合理利用大自然中的元素

场所客观地存在于自然中，只有人和场所的自然属性（植物、地形、水体）与当地材料等发生了联系，场所才真正具有了地域的自然特性，从而表达出设计主题。这种主题源于人（设计师）对自然的理解、物的本性或特质显现，源于人对自然产生的互动关系。

沈阳建筑大学建设的浑河南岸新校区的主持建造者北京大学景观设计研究院院长俞孔坚教授于2002年提出了"稻田校园"的设计理念。校园的设计采用了最经济的元素来营造，如稻草、野草、农作物等。学生在校园中不仅可以学习课本上的知识，还可以与自然环境进行交流互动，感受自然生态的力量和四季更迭，体会农民的辛劳与收获的喜悦。在大片的稻田中设置读书台，读书台都有大树和围坐的座凳，风吹麦浪，带来阵阵读书声。

美国著名景观设计师哈尔普林在20世纪60—70年代设计的一系列跌水广场作品（波特兰系列广场、西雅图高速路公园、曼哈顿广场公园等）充分显示了用水和混凝土对大自然进行的抽象描述。哈尔普林的设计灵感源于对加州席尔拉山山涧溪流和美国西部悬崖自然景观环境的观察，对观察进行总结提炼并运用到设计中，其设计手法集中展示的代表作是波特兰系列广场（爱悦广场、柏蒂格罗夫公园、伊拉·凯勒水景广场、罗斯福纪念公园）。爱悦广场第一个节点设计出一系列不规则台地来模拟自然等高线，方案中使用的跌水景观表现手法就是设计者对自然水系观察的结果，在这样的环境中，游览者将会不自觉地与流水进行互动，感受自然的快乐情趣。沿着方案的交通规划路线继续行进，就会抵达广场的第二个节点帕蒂格罗夫公园。这个公园内种植许多郁郁葱葱的树木，因此空间的气氛变得沉静下来，与前面的第一个节点形成一种不同的环境体验。第三个节点是伊拉·凯勒水景广场，广场分为源头广场、大瀑布和水上平台几部分，水流从混凝土峭壁中垂直倾泻下来。

哈尔普林在景观设计方案中对自然元素进行运用，并不是照搬照抄大自然景观，而是亲临大自然，观察体验大自然后形成感悟与提炼总结，在方案中，除了自然的美感外，还能体验到本真的精神力量。

美国景观设计师哈格里夫斯在设计中同样对自然景观有着独到的运用，他将自然环境中水流、风力对土壤的侵蚀进行艺术化的夸张，并运用到景观设计中，形成了特殊的景观效果。

### （二）要素的保留和恢复

要素的保留和恢复是体现场所精神主题非常有效的方法，这并不是说要将所有有着"烙印"的要素刻意地保留，随着社会的不断发展，赋予场所活力意味着在新的社会条件下创造场所新的用途，因此创造性地保留才是延续场所精神的方法。

中山岐江公园在中山粤中造船厂的原址上进行改造设计。粤中造船厂是我国社会主义工业建设的缩影，体现了中山人对国家建设发展的贡献，从20世纪50年代到90年代，浓缩了一代代中山人的时代背景。因此，保留时代印记和中山城市文化，并让体验者在空间环境中产生共鸣是设计的重点。而保留并不是让空间一成不变，而是将空间的历史沉淀与现代的艺术手法及功能需求相结合，这也考验设计者对改造方式与改造程度的把控能力。从这个意义上讲，设计包括对原有形式的保留、修饰和创造新的形式。中山岐江公园设计师对具有工业记忆的生产工具和厂房进行保留、维护，使环境的历史文化氛围更加浓厚与深切。

保留：保留场地中的自然与人文元素，使之成为整体景观的有机组成部分，直接唤起造访者对场地营造出的某种精神的体验。水体和部分驳岸也基本保留了原来的形式，古树全部保留在场地中。

改变：通过增与减的设计，在原有"工厂遗留的建筑、构筑物、设施"基础上产生新的形式，其目的是艺术化地再现原址的生活和工作情景，揭示场所精神。同时，更充分地满足现代人的需求和欲望。

加法设计：充分表达"遗留的建筑、构筑物、设施"的意义。例如，烟囱与龙门吊。场地中遗留的破旧烟囱外围加上龙门吊和工人的雕塑，充分再现了当时工人挥汗如雨的工作场景。

减法设计：揭示"遗留的建筑、构筑物、设施"的本质。例如，骨骼水塔。骨骼水塔是在原来水塔的基础上去掉混凝土保留钢筋结构的做法，以表达水塔的本质。

再现：通过白色柱阵、直线路网、红色记忆（装置）、绿房子、铁栅涌泉之类景点的全新设计表达现代景观的特点，满足人们的使用需求。

### （三）传统形式的继承和借鉴

通过继承和借鉴传统的形式，表现场所曾有的文化印记。对形式的继承和借鉴应该是在充分了解传统建筑风格的产生背景和精髓特色的基础上，然后创新性地使用，而不应该是整体模仿和照搬。

上海世贸大厦的建筑外形设计借鉴了中国古塔之一的密檐塔，这种砖塔底层尺寸最大，以上各层的高度缩小，使各层屋檐呈密叠状，塔身越往上收缩越急，形成极富弹性的外轮廓曲线，直至塔顶以高耸的塔刹结束。但是上海世贸大厦在材料选择、细部设计、结构设计、空间设计等方面均采用了现代建筑的风格，实现了传统与现代的完美结合。

彭一刚院士在设计华侨大学承露泉广场时，受到汉武帝于建章宫设计承露盘以承甘露的故事启发，制定了承露泉方案的雏形。雨露、甘泉都具有"培育"的功能，借比兴的手法移植到人，便转化为教化育人的功能。这不仅体现了学校的文化特色，而且使整个交往场所具有了精神内涵。

景观设计还应从古典园林中汲取营养，如内聚式空间布局、园中园、欲扬先抑、传统的图案符号和色彩等，融入现代景观设计语言，如简洁的布局、平滑的曲线、动感的折线、各种变化的几何和自然图形、具有时代感的材料（如混凝土、钢铁、玻璃等）、丰富的色彩等，将传统元素和现代元素有机地结合在一起，以现代人的审美需求来打造富有中国传统韵味的景观。

万科第五园小庭院为了将中式古典园林中的漏窗进行更加强烈的展现，将墙面中悬挂抽象的花窗图样与墙体中的实体漏窗形成虚实对比；西安曲江华府在入户门设计上用中国传统吉祥纹样（蝙蝠、祥云和寿字等）进行装饰，表达了对未来生活的美好祝愿；北京奥运村在中国文化的表达中则使用了具有我国浓厚文化韵味的景观小品，如村内的四个区域采用了四种不同的中式窗花纹样，对空间内的桌椅、座凳、屏风、灯具等进行装饰，体现了浓厚的中式文化氛围。

### （四）用构筑物的外观造型象征意义

构筑物的外观造型与被表现事物之间要求具有关联性，并在设计中用暗示、联想、回忆的手法使体验者体会设计主题。

河北省迁安市三里河的带状公园以"红折纸"作为主题。迁安历史悠久，当地的剪纸艺术极具特色，被誉为"北方纸乡"。公园主题的形式和灵感受到当地剪纸艺术的启发，在选择材料时，考虑到玻璃钢材料与纸的特征有相同之处，可塑性较好，尤其在现场进行加工和施工时都较为便利，并且在后续维护管理方面也很方便，所以选用玻璃钢这种材料是最为合适的。在公园中，整体设计是把当地的剪纸艺术元素概念运用到公园内的户外家具和公园设施中，并且在设计时将公园内的自行车棚、雨亭、坐凳等折在一起，形成一个系列，打造成连续的装置艺术品。另外，将木栈道的形式与之结合在一起，形成一条具有特色体验的休闲廊道。在公园内，从早到晚，拍照的模特、遛弯的老人、遛狗的女人、过路穿行的男子、放学的儿童……"红折纸"好像自带磁石功能，将各类人群吸引到此处游憩玩乐。它又好似一块重要的背景屏幕，向人们展示丰富的城市生活，为人们提供健康的生态体验，将日常的生活环境与艺术特色体验融合在一起。

## （五）用空间隐喻主题

这种体现主题的方式比较含蓄，通常需要体验者具有一定的文化素养和背景知识，对场所有一定的了解。

在跨越了近20年的华盛顿罗斯福纪念公园的设计过程中，哈尔普林将空间的纪念性与人们的参与体验有机地结合起来。纪念公园从入口向内按时间先后顺序展开四个主要空间及其过渡空间，第一区给人的第一印象是从岩石顶倾泻而下的水瀑，平顺有力，象征罗斯福就任时誓词表露的那种乐观主义与一股振奋人心的惊人活力。第二区表达经济恐慌，进入第二区，游客强烈地感受到的就是图腾与雕像呈现的当时全球经济大恐慌所带来的失业、贫穷、社会无助与金融危机等种种亟待解决的问题，图中的雕像就是当时大量的失业人口与饥民在领取食物排队的场景。第三区表达第二次世界大战，由园道进入第三区的步道口，崩乱的花岗岩石块散置两旁，有如被炸毁的墙面的乱石，象征第二次世界大战带给人民的惨状。第四区表达和平富足，历经经济恐慌与第二次世界大战的浩劫后，迎来战后建设的全面复苏，一片欣欣向荣的景象；以舒适的弧形广场空间表达开放辽阔的效果，对角端景是动态有序的水景衬以日本黑松，形成一种和谐太平的景观。通过花岗岩石墙、瀑布、雕塑、石刻记录形成的四个空间中近乎自然的手法，象征了罗斯福总统在位期间最具影响力的事件，通过这些方式表达人们对罗斯福总统的缅怀。同时，这种形式也表现出罗斯福总统是一位平易近人的领袖。

在汶川地震纪念公园的设计中，设计师以不稳定的折线为空间的主要形式，同时通过地形变化做成下沉空间，再辅以铺装及灯光的处理，使人们感知到地震带来的大地开裂一般的破坏，在周边小空间的营造中分别通过变化的条石、抽象的小鸟翅膀、金字塔等元素共同表达了对美好生活的向往。

## 第三节　景观设计的布局与结构

### 一、景观设计的布局分类及方法

在分析、立意的基础上，对绿地、水体、道路及广场等进行综合有序、合理的布置，确定重要节点的位置，以及节点之间的相互联系，由设计者将各种空间按照一定的要求有机地组织起来，这个过程称为布局。

景观布局形式有四类，分别是规则式、自然式、抽象式和混合式。规则式和自然式是传统的布局方式，抽象式布局是在西方现代艺术的影响下形成的一种全新布局方式，混合式布局是规则式、自然式和抽象式布局的有机组合。

#### （一）规则式布局

文艺复兴时期意大利台地园和19世纪法国勒诺特设计的平面几何图案式园林为规则式布局的代表。印度泰姬陵和我国北京天坛、南京中山陵也运用了规则式布局方式。

1. 特点

规则式布局具有明确的轴线和几何对应关系，讲究图案美、平面布局、立体造型和建筑、广场、街道、水面、花草树木等方面严格对称。

2. 情感

规则式布局给人以雄伟、整齐、简洁大方、视线开朗、庄严肃穆、豪华热烈的情感感受。目前，规则式布局主要应用在市政广场、纪念空间或有对称轴的建筑庭院中。

3. 要素特征及布局方法

中轴线：平面规划有明显的中轴线，以中轴线为基准，然后进行前后左右对称或拟对称布置。

地形：分为两种情况，一是在开阔、较平坦的地段，由不同高度层次的水平面及缓倾斜的平面组成，二是在山地及丘陵地段，由阶梯式的大小不同的水平台地倾斜平面及石级组成，其形成的剖面均为直线。

水体：作为规则式布局的常见要素，其外形轮廓多为几何形，以圆形和长方形为主，水体的驳岸多进行重新规整，有时会在其中设计合适的雕塑。例如，会将古代的神话雕塑和喷泉相结合，构成水景。水景的类型也有多种形式，如整形水池、整形瀑布、喷泉、壁泉及水渠运河等。

广场和街道：广场与街道相结合，构成方格形式、环状放射形、中轴对称或不对称的几何布局。但两者形式有所不同，广场多为规则对称的几何形，主轴线和副轴线将其划分为主次分明的布局；而街道多为直线形、折线形或几何曲线形。

建筑：主体建筑群和单体建筑在设计时大多采用中轴对称均衡形式，将其与广场、街道相结合，形成主轴、副轴系统，从而控制全园的总格局。

种植设计：在进行植物配置时，要与中轴对称的总格局相适应，全园树木配置以等距离行列式、对称式为主。在进行树木修剪整形时，其形式参照建筑形体、动物造型。规则式布局中，绿篱、绿墙、绿柱则是较突出的特点，因此在园内进行划分和组织空间时，常运用大量的绿篱、绿墙和丛林。花卉布置时，花坛和花带常以图案为主要内容，有时会布置成大规模的花坛群。

景观小品：常常使用雕塑、瓶饰、园灯、栏杆等形式来装饰点缀园景。其中，雕像的设计大多配置于轴线的起点、焦点或终点，有时会和其他形式相结合，如喷泉、水池等形式，共同组成水体的主景。

设计方法：轴线法是景观设计中的常用方法，由纵横两条相互垂直的直线组成轴线，成为把控全园布局以及整体构图的十字架，然后在主轴线的基础上衍生出若干次轴线，这些轴线有些相互垂直，有些呈放射状分布，在整体上形成左右对称或上下左右都对称的图案型布局形式，如济南泉城广场的设计，主轴贯通趵突泉、解放阁的边线，再以榜棚街和泺文路的延续为副轴构成整体框架，形成各功能分区在围绕轴线的基础上由西向东依次展开。

（二）自然式布局

中国园林的发展经历了漫长的岁月，从周朝开始，后经历代的不断完善与发展，不管是皇家宫苑还是私家宅园，都是以自然山水园林为主，一直到清代。如颐和园、承德避暑山庄，这些保留至今的皇家园林都是自然山水园林的代表；在私家宅园中，更是有许多代表作品。中国园林后来又相继传入其他国家，如在6世纪传入日本、18世纪后传入英国。

1. 特点

自然式园林的特点是自然、自由、有法无式、循环往复。其原则是本于自然而高于自然，在平面布局上更多的则是曲折蜿蜒的平面以及高低起伏的地形。立体造型及景观要素规划布置时，设计师大多追求比较自然和自由的形式，元素之间的关系隐蔽含蓄。这种形式更加适合有山、有水和有地形起伏的环境，带给人一种含蓄、幽雅、意境深远的感受。

2. 情感

以本于自然而高于自然为原则的布局一定会带给人们回归自然、轻松活泼之感，蜿蜒的曲线、起伏的地形和浪漫的造景又带给人们含蓄、幽雅、意境深远的氛围。

3. 要素特征及布局方法

地形：自然式布局设计注重"相地合宜，构园得体"。在处理地形的过程中，其设计手法为"高方欲就亭台，低凹可开池沼"的"得景随形"。自然式布局最主要的地形特征是"自成天然之趣"，因此布局设计要加入自然界的元素，如山峰、山巅、崖、岗、岭、峡、岬、谷、坞、坪、洞、穴等地貌景观。若是在平原区域，在设计时要加入自然起伏、缓和的微地形形式，且剖面为自然曲线。

水体：自然式布局的水体重视"疏源之去由，察水之来历"，在设计时水体要再现自然界水景的形式，主要有湖、池、潭、沼、汀、溪、涧、洲、渚、港、湾、瀑布、跌水等类型。水体的轮廓在形式上自然曲折，水岸为自然曲线的倾斜坡度，驳岸的体现形式主要用自然山石、石矶等。如果位于建筑附近，或根据造景需要可在部分区域用条石砌成直线或折线驳岸。

广场与街道：除了建筑前的广场可为规则式以外，景观空旷地和广场的外形轮廓最好选择自然式。根据地形的状况来布置、排列道路的走向，且道路的平面和剖面选取自然、曲折变化的平面线和竖曲线。

建筑：在自然式布局的建筑形式中，单体建筑和建筑群的布局形式有所不同，单体建筑的形式多为对称或不对称的均衡布局，建筑群则多采用不对称均衡的布局。整体布局不以轴线控制，但局部仍采用轴线的处理方式。中国自然式园林中的建筑类型丰富，有亭、廊、榭、坊、楼、阁、轩、馆、台、塔、厅、堂等。

种植设计：选用不成行、不成列的种植方式，而且要展现出自然界植物的群落之美。使其自然生长，树木不用经常修剪，在选择配植搭配时，形式以孤植、丛植、群植、密林为主。种植花卉时，以花丛、花群、花境、花箱为主。

景观小品：包括假山、石品、盆景、石刻、砖雕、石雕、木刻等，其位置多放置于景观中透视线的焦点处，其中雕像的底座大多是自然形式。

设计方法：山水法。自然式布局是把自然景色和人工景观通过布局和造景有机地融合在一起，达到虽由人作、宛自天开的效果。山水是自然式布局的骨架，所以布局时要结合现场的调研现状，根据因地制宜的设计原则，"高方欲就亭台，低凹可开池沼"[①]。若是原地形比较平坦，也可以选用挖湖堆山的方式。所谓挖湖堆山，是把原来单一的平地变成三种地形：平地、水体和山体，视景线由平视变成仰视、俯视和平视。营造山水布局要注意山嵌水抱的态势，山体布局要注意主山、宾山和余脉的关系，山的脉络是连通的，并非各自孤立的土丘。水贵有源，水面有聚有分，有时曲折幽深，且自然豪放。以山水骨架为基础再设计蜿蜒曲折的道路、广场和随机布置的建筑及设施，形成有机的自然式布局。

### （三）现代式布局

20世纪60年代后，在环境艺术和后现代主义的影响下，出现了以矩形、三角形、圆形、椭圆形、曲线、直线、斜线等形体元素构成的空间。鲜明的色彩、简洁的形式、流畅的曲线、纯净的质感、适合的比例、美妙的均衡是其特点。现代式布局的装饰性和规律性较为明显，在线条上，与自然式相比，更为流畅且规

---

① 计成. 园冶[M]. 北京：城市建设出版社，1957.

律,但比规则式更显活泼和富有变化。现代式布局在美学原则基础上使用新材料、运用新技术,并在现有形式上对其布局进行变形、集中、提炼等,使其具有创新性和时代感。这种布局方式的风格流派主要有极简主义景观风格、解构主义景观风格。

现代式景观布局的特点在于瓦解轴线。古典园林布局时,通过一系列轴线组织序列,并由中心焦点和围合要素界定闭合体,现代主义景观布局与其不同的是追求非对称的构图形式,在动态中寻求平衡。景观设计为人创造一个自然变化丰富的环境,不使人的视线集中到一点。当然,不是说现代主义景观完全没有轴线,使用轴线的形式并不意味着强调轴线,而是利用不完全对称布局的景物,或在折线的边缘处把对称的局面彻底打破,最终追求不对称的均衡。托马斯·丘奇、丹·克雷、哈尔普林等都是现代主义景观的代表人物。

1. 特点

以矩形、三角形、圆形、椭圆形、曲线、直线、斜线等形体元素形成空间。其特点是鲜明的色彩、简洁的形式、流畅的曲线、纯净的质感、适合的比例、美妙的均衡。

2. 情感

具有较浓的装饰性和规律性,在线条的形式上,比自然式布局更为流畅且有规律可循,比规则式布局更显灵活而富于变化。现代式布局在新材料、新技术的基础上运用美学原则,如变形、集中、提炼等,使布局形式更具有创意和时代气息。

3. 解构主义风格布局方法

解构主义也称为后结构主义,是在批判结构主义的基础上发展的。解构主义的景观设计布局在等距的方格网内框定一个没有生气的僵死的模式,体现出对这个现实世界的复杂以及人类情感和地域性丰富的漠视。

解构主义景观设计对现有的设计规则持反对的态度,更喜欢对理论进行重新归纳整合,打破了过去建筑结构重视力学原理的横平竖直的稳定感、坚固感和秩序感；提倡分解、片段、不确定、不完整、拆散、移位、斜轴、拼接等手法，在方格网的基础上改变空间方向和格局，融入自然不对称的形式，形成多样的空间。

屈米设计的法国巴黎拉·维莱特公园由点、线、面三层基本要素构成。在基址上先画一个120米×120米标准尺寸的方格网，然后在方格网上约40个交会点处各建造一个突出的明显的红色建筑，作为园中点的要素存在，并有点景的作用。这些建筑的形状都是在长、宽、高各为10米的立方体中进行变化。有些建筑并没有使用功能，仅作为点的要素存在；有些建筑则承担着使用功能，如有展览室、小卖部、咖啡馆、音响厅、钟楼、图书室、手工艺室的作用。在公园中，线元素主要体现在公园两侧的两条长廊、几条笔直的林荫道和一条贯通全院重要部分的流线型游览线路上。公园内线性元素的使用，不仅是对解构主义方格网建立起来的秩序进行突破，而且将公园的主题小院，包括境园、风园、雾园、龙园、竹园等联系在一起。公园内这些红色建筑尽管在布局时利用方格网进行放置，但由于这些交会点的间距较远，建筑体量也不大，建筑形式也不相同，因此，大面积的植物成为面元素的体现，形成了景观的总体基调。而建筑更像是一个个红色的标志，生长在大面积的绿地中，使人感觉不到这些方格网的存在，整个景观充满自然的气息。

4. 极简主义风格布局方法

极简主义利用简化的、符号的形式来表现深刻而丰富的内涵，并通过简练和集中的特点实现便于人们理解序列和传达预想的意义。极简主义更加追求概括的线条和简单的形式，重视各个相关要素之间的关系和合理的布局。极简主义景观设计推崇的真实就是客观存在，在形式上追求独特新颖的特点，创造属于自己的欣赏环境，注重使用者的真实视觉体验。极简主义风格代表人物彼得·沃克将丰富的历史与传统知识融入自己的设计中，不仅顺应时代的需求，在施工方面也体现了精湛的技艺。在他的设计中，人们可以看到简洁现代的形式、浓厚的古典元素，以及感受到神秘的氛围和原始的气息。他将艺术与景观设计完美地结合起来并赋予项目全新的含义，改变材料原来的自然结构，然后将它们重新整合，成为一种新的结构，在视觉上带给人一种新的特色体验。

（1）极简主义特点

平面形式——简洁明晰现代。

设计手法——重复摆放物体，改变自然材料原来的自然结构，将它们重新整合。

元素——古典，原始。

形体——多用简单几何形体，具有纪念碑风格。

颜色——只用一两种颜色或黑、白、灰。

（2）极简主义设计方法

重视几何形体元素和自然形体元素的有机结合。几何形体有矩形形式、三角形形式、圆形形式等；自然形体有蜿蜒的曲线、自由的椭圆形、不规则多边形、生物有机体边缘线、多种形体的聚合分散等。

①矩形模式（图3-1）。在景观设计中，矩形是最常见的组织形式。场地流线功能等分析图很容易变成由矩形模式的组合形成的空间布局（图3-2）。

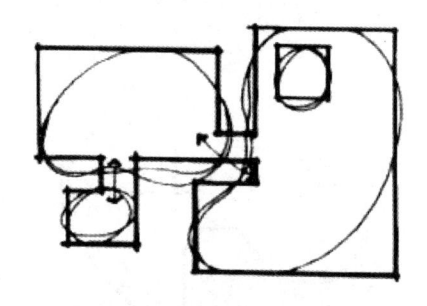

图3-1　矩形模式

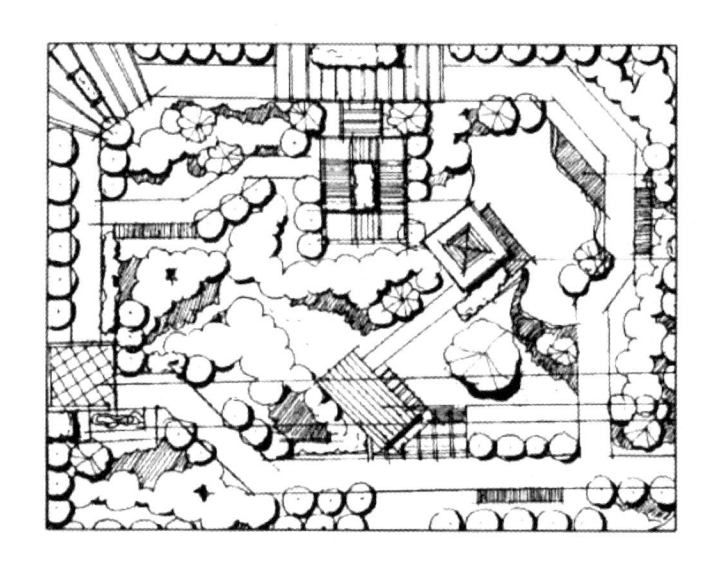

图 3-2　矩形模式空间布局图

②三角形模式。能够使空间具有动感，给人以运动的感受，在水平方向上进行变化，动感的体验则会更加强烈。为了使空间协调统一，对应线条之间应保持平行。在设计时，有两种常用的三角形模式：45°/90°模式（图 3-3）和 30°/60°模式（图 3-4），尽量避免其他角度的三角形的面或线。

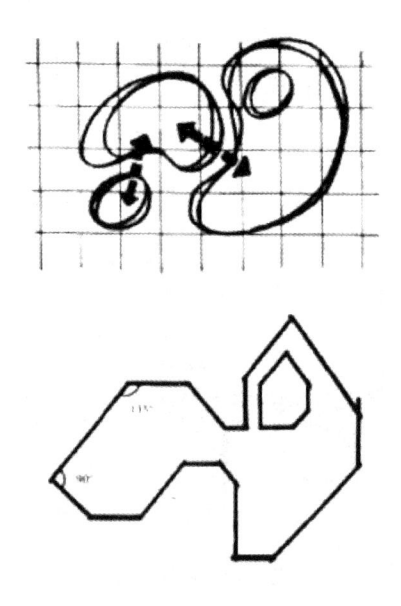

图 3-3　45°/90°模式

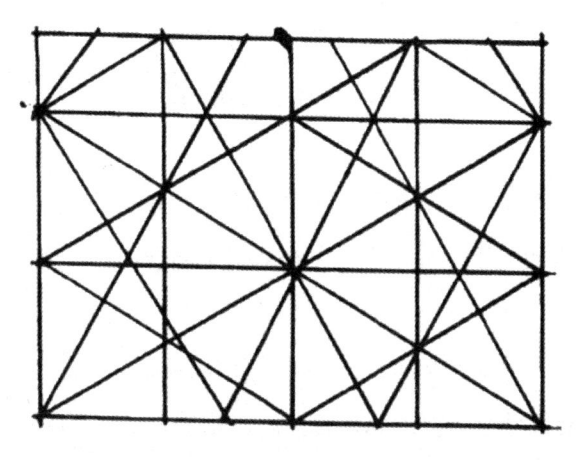

图 3-4　30°/60°模式

③正六边形模式。空间在一定程度上要比三角形模式简洁，在平面布局上可以让边变形相接、相交或嵌连，为了使空间具有统一性，在排列时应尽量避免旋转。

不规则多边形。与一般的几何图形不同的是，长度和方向带有明显的随机性。绘制时采用100°～170°和190°～260°的角，避免使用太多90°或180°的角，也不要用相差不超过10°的角，不可用太多平行线，因为使用太多90°、180°的角和平行线就会有几何图形的规整特点，也不要使用锐角，不利于景观的使用和养护（图3-5）。

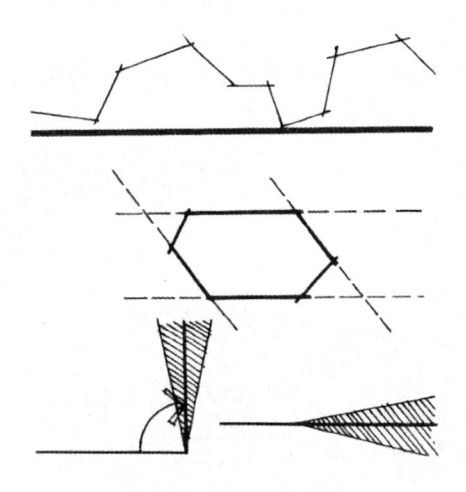

图 3-5　不规则多边形

④圆形模式。有至少四种组合模式,分别是:

第一种是多圆组合。不同尺度的圆相叠加或相交,相交时尽量保持90°,叠加时不要紧贴边缘。

第二种是同心圆和半径。把同心圆和半径的网格放于方案纸的下面。

第三种是圆弧和切线。可以形成流畅的优美曲线,每个拐弯的平面都是圆弧和切线相切。

第四种是圆的一部分。半圆、1/4圆、馅饼的形状。

圆形模式具有简洁感、统一感、整体感,象征着运动和静止(图3-6)。

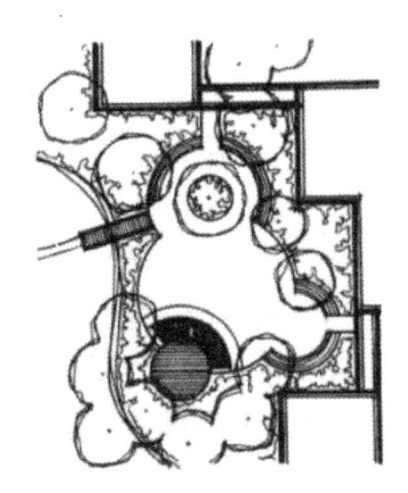

图3-6 圆形模式

椭圆形模式的组合和圆形模式组合大同小异,可参考圆形模式(图3-7)。

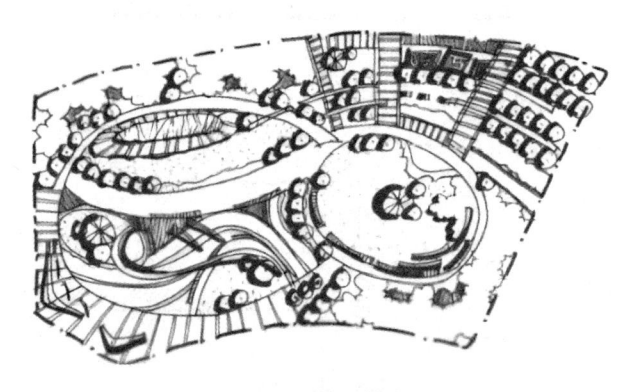

图3-7 椭圆形模式

自由的椭圆：和圆相比，椭圆适用的场地形式广泛，而且椭圆形可以变换成许多有趣的形式（图3-8）。

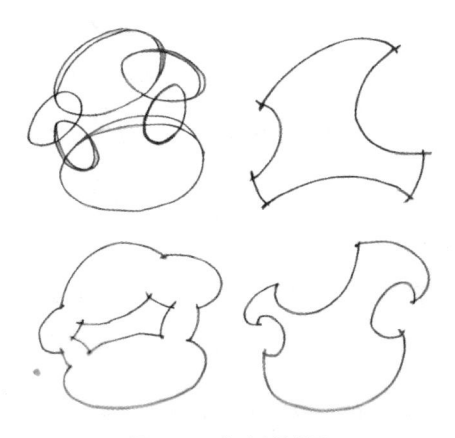

**图 3-8　自由的椭圆**

蜿蜒的曲线：应用最广泛的自然形式，具有曲线圆滑，时隐时现，富于自然气息的特点。避免产生直线和无规律的颤动点（图3-9）。

**图 3-9　蜿蜒的曲线**

生物有机体边缘线：是完全随机的形式，不规则程度是前面提到的曲线椭圆等所不能比拟的，如岩石上地衣的生长形态、融化的冰雪轮廓、自然河流的河床的边缘线等。用工业材料表达出最自然的形式——生物有机体边缘线，能提高观赏者的兴趣（图3-10）。

图 3-10　生物有机体边缘线

多种形体的整合：形式语言与美学规律的结合，多运用 90°相交、平行线、聚合分散、逐渐过渡、通过圆心、通过端点或中点的办法实现多种形式之间的和谐。

在进行平面布局时，可对水平面进行一定的升高或降低，突出垂直元素或发展上部空间，又或者增加休闲娱乐设施，赋予空间更多的功能。比如，珠山生态游乐园设计，该项目采用简单、精致的方式，用最低限度的形式语言构建了一组简洁的平面布局，以弧线和折线形式为主，功能划分明确，细节丰富多变，服务设施齐全。

（四）混合式布局

混合式布局是指规则式、自然式、抽象式三种形式相互组合，这种布局主要是在全园的整体布局上没有主中轴线和副轴线，只在局部区域、建筑上有中轴对称的形式，并且整个园内没有明显的自然山水骨架，无法形成自然格局。不同场地的现状和功能对布局形式的要求不同，若场地原有地形平坦，在总体规划时应对其进行规则式布局和抽象式布局设计；如果原地形的状况复杂，多为崎岖不平的丘陵、山谷、洼地等，则要结合地形设计为自然式布局和抽象式布局。

## 二、景观设计结构

### （一）点、线、面

布局时平面图反映出景观设计要素的各种点、线、面的关系，在这里，线是指骨架线，点是指节点和标志，面是指景观分区或功能分区的每一块区域。

景观设计中各元素之间的整体规划有着复杂的组合、穿插关系，但在设计时有一条清晰的骨架线与轴线，则会使复杂的场地具有条理性。在景观设计总体布局的平面图上应显示出一条明确的骨架线。在规则式布局中，骨架线往往成为中轴线或平行轴线，如水平与垂直交叉轴线或规则的放射轴线；在较活泼自由的布局中，则形成不太规则的骨架线，如直线、曲线、折线以及它们的复合与变幻的形态。骨架线与轴线能够表现出秩序美，即对称的秩序与均衡的秩序。

节点与标志往往呈现主要的使用功能或主题，是设计的高潮，也是视线控制的焦点。节点往往出现在道路相互交叉处，节点处的标志特别引人注意。当行人在此地路过时，会根据标志做出行为选择，若是设立一些独特的雕塑和标志性建筑在入口、道路交叉口、交通枢纽等重要位置，则会更加引起行人的注意，增强方向性。若是标志成组出现，无论在视觉上还是在方向感上，标志群在整体环境中都有着较强的指向作用。

可见，节点与标志将使景观布局出现高潮，没有高潮的景观最终给人的印象只能是平淡乏味。有了节点与标志，随之必然要分布与其相适应的陪衬，以产生主次对比、强弱对比，形成对标志、节点的强化。在不同的园区内有时会形成一个或者多个标志与节点，但在众多节点中，分清主次、明确强弱是至关重要的。

规划场地总是按照功能的不同或者景观的不同等划分成若干个区域，这就是常常提到的"面"的层面，场地中不同区域要在统一的基础上具有各自独立的可识别特征，这样才可以形成场地的整体感，且各部分都具有特色。想要达到这种效果，往往会使用格式塔组织原则，这种原则可以使空间的整体布局、质感、色彩、造型等特征更加合理，使空间在形成整体感的同时，更加吸引人的关注。

景观平面布局在具体的实施过程中需要设计者具备多维视角，不能仅限于从二维平面的角度考虑，而要从空间、立体、时间等维度去考量，形成点、线、面、体多种视觉效果。当然，景观的视觉效果不是一个视角就能确定的，往往会根据视角的变换获得不同的视觉效果。例如，登高俯瞰、低处仰视、由宽阔转向狭小空间等都是在平面布局中要深入感受的，并相对应地使用不同的布局手法。当视线面对开阔的景致时，应减少视线中松散的点状景观数量，如石雕、亭子、小型建筑、孤植树木等，过多的点状景观分布在开阔的场景中会显得画面杂乱无章；当视线处于狭长的空间中，如廊桥、林间小路、山路时，要注意道路作为线状景观要素应当时隐时现、曲直有致，避免画面过于单调；当面对体量较大的面状景观要素，如主体建筑、建筑群、假山时，应注意起伏变化以及一些无规律的形变，使画面生动富有韵味；草坪的处理手法也要注意各元素的搭配与变换，配以灌木和景石等。景观平面的总体布局犹如高级将领，对军队以及兵法非常了解，在风云变幻中运筹帷幄、掌控全局。

## （二）节点序列

人们沿着道路由一个节点空间进入另一个节点空间，从而产生不同的空间感受和感观效果。因此，多个节点同时出现并连接在一起，势必会产生顺序排列的先后问题，这种影响到景观园区整体结构与布局的节点空间顺序被称为"节点序列"。节点的安排布局并不是随机的、无目的性的，而是具备引导人的视线及动线的作用。只有了解游览者的行为习惯，兼顾主要人流路线与次要人流路线，做出相应的节点安排并加以引导，才能使游览者无论位于哪一条游览路径，都能身临其境，感受到园区完整系统的游览画面以及设计主题，最终形成深刻的印象与感悟。

1. 节点序列的四个阶段

节点序列一般分为四个阶段，即开始阶段、过渡阶段、高潮阶段和结束阶段。

开始阶段作为拉开整个节点序列设计序幕的环节，作用不容小觑，只有将开始阶段的序列空间设计得具有吸引力，才能为后续的阶段提供支持。

过渡阶段，就是节点序列设计中的过渡环节，多起到引人入胜的作用，承接开始阶段的意蕴，铺垫、启示、期待和酝酿接下来的高潮阶段，调动起游览者的好奇心与探寻意识。

高潮阶段是整个节点序列的核心，也是所有设计的精华，在高潮阶段的节点中，游览者能够强烈地感受到环境带来的满足感，心绪激荡，身心的双重体验感受最佳。

结束阶段也预示着节点序列进入尾声，这一阶段主要是使高潮阶段激动的情绪得以平复。优秀的结束设计可以更加凸显前期高潮阶段的震撼感受，使整个序列设计收获更好的展示效果，使游览者离开之后久久不能忘怀，余味悠长。

我国传统园林在空间节奏的处理手法上一般采用从入口到出口有韵律地进行收放。入口多以收的方式，以形成"初极狭"，由入口深入园内，经过障景后眼前"豁然开朗"的视觉效果，再由较开阔的环境进入狭窄的空间，视线再次收缩，在其中回转是为下一次的景致做铺垫，最后结尾归为恬静的收空间。具体的收放节奏在不同体量的园林中会有不同的表现，但共同的特点是在收的时候多做变化，置入巧思，使空间收而不死、变幻莫测，在放时置入主景，突出主题，进入高潮。这种空间上的构思与变化会使游览者在游园时不知不觉地融入这种韵律节奏中。

北京植物园从主入口进入以后先看到的一处空间是一块置石，这是开始阶段；走过大约200米进入第二处空间——以大型钢铁形成的雕塑为中心的花坛，这是过渡阶段；在大概相距50米的地方有跌水形成的下沉广场，鲜艳的花台、喧闹的旱喷、大气的尺度都使人们感受到空间的热烈与兴奋，这是高潮阶段；走上台阶之后来到平台，展现在眼前的是绵延的山脉和蜿蜒的河流，给人以平静之感，这是序列的结束阶段。

2. 节点序列的两种类型

结合功能、地形、人流活动特点，节点序列一般分为两种类型：一种类型沿着轴线方式展开，可以沿着一条纵轴线或横轴线展开，也可以沿纵轴线和横轴线同时展开；另一种类型以迂回、循环的形式展开。

轴线对称的景观布局形式对应的空间序列是沿着轴线方式展开的，规整式布局的景观设计属于这个类型。我国传统的宫殿寺院多是轴线（主路）对称的规整式布局，其空间序列是沿着轴线的方向展开。符合这一特点的典型例子就是北京的故宫（图3-11），故宫体量巨大，但其内部空间序列在富有变化的同时都围绕某一主题进行，因此许多空间能够被规整到同一个完整有序的序列之内。

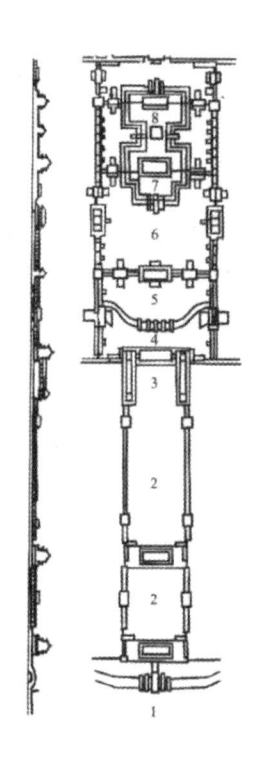

图 3-11 北京故宫平面图

迂回、循环的空间序列组织形式适用于一些既不符合对称，又没有明确轴线引导关系的空间。这种空间序列主要通过空间的组合，使空间形成特定的几条游览路线，在这些游览路线中，游览者选择任意路线观赏完整的空间序列，并且感受到空间序列的四个阶段，即开始、过渡、高潮、结束，获得较好的空间游览体验。

现代景观设计中除了规整式布局以外，大多数布局采用迂回、循环的形式组织空间序列。

## 第四节 景观设计的视线与造景

### 一、景观设计的视线

在景观设计中，处理景物和空间的关系常用的方法是视线分析。通过分析游览者的心理与视觉规律，引导游览者的视线，从而制造预想的艺术效果。

## （一）最宜视距

正常人在距离景物 30~50 米时能观赏到景物细节，在距离景物 250~270 米时能分清景物类型，在距离景物 500 米时能看清景物轮廓，而距离景物 1200~2000 米时虽能发现景物，但已经失去了最佳的观赏效果。而更远的距离，如眺望远山、遥望太空则是结合联想畅想的综合感受了。在造景中利用人的视觉距离的特点，可以达到事半功倍的效果。

## （二）最佳视域

按照人的视网膜鉴别率，最佳垂直视角小于 30°（景物高度的 2 倍），水平视角小于 45°（宽度的 1.2 倍），在这个范围内进行景观造景会取得最佳效果。但是，人在游览的过程中，视线不会限定在某一点，而是会动态变化。因此，景物观赏的最佳视点有三个位置，即垂直视角为 18°（景物高的 3 倍距离）、27°（景物高的 2 倍距离）、45°（景物高的 1 倍距离）。如果是纪念雕塑，则可以在上述三个视点距离位置为游人创造较开阔平坦的休息场地（图 3-4-1）。

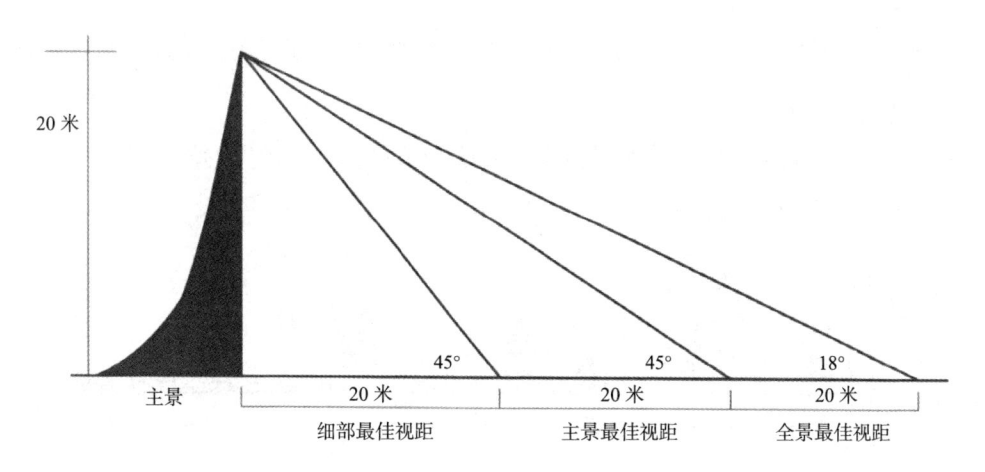

图 3-12　最佳视点

## （三）三远视景

景观造景中，除了一般的静物对视，还可以借鉴中国画画论中的"三远法"理论，创造更多的视景，用以满足游览者的需要。

仰视高远：以 90°为界限，当视景仰角大于 90°时，会产生压迫感，而小于 90°时，会依照角度由小及大分别产生高大感、宏伟感、崇高感和威严感。这种仰视视角的造景手法多用于我国的皇家园林之中，用以凸显皇权的神圣；在园林中建造假山也是为了以小见大，营造意境。例如，在北京颐和园中，自德辉殿处看佛香阁，会产生 62°的视线仰角，使建筑更加宏伟，同时令观赏者产生自我渺小的感受。

俯视深远：常会利用地形或者人工制造高地，使人可以攀登远眺，满足游览者居高临下的游览兴致。不同的俯视角度会产生不同的体验感受，当俯视角小于 45°时，视线主体会产生深远感受，俯视角越小，凌空感越强，当俯视角小于 10°时，则产生欲坠危机感。

中视平远：以视平线为中心的 30°夹角视场，可向远方平视。平视景观能够带来宁静广阔的感受，创造平视景观多采用大面积的水面、草坪，并提供对应的能够平视远望的观赏点，将远处的天景、云景、山景、建筑都收入景色中，构成完整的画面。

**（四）静态空间尺度规律**

多个风景界面可以组成风景空间，界面之间也会相互作用，从而给游客带来不同的观赏体验与感受。

例如，在低矮空旷的位置进行景观造景和植物种植，最好的景观效果是景物的高度 H 和底面 D 的关系为 1：3～1：6 之间（图 3-13）。

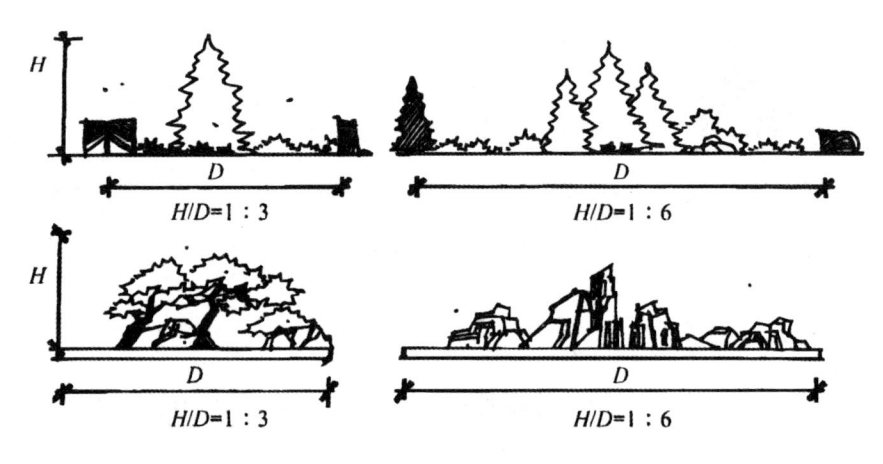

图 3-13　高度与底面的关系

当人的视距 D 与四周的景物高 H 的关系为：D/H=1 时，视角 α=45° 时，给人以室内封闭感。D/H=2~3 时，a=18°~26°，给人以庭院亲切感。D/H=4~8 时，a=6°~5.5°，给人以空旷开阔感，具体如图 3-14）。

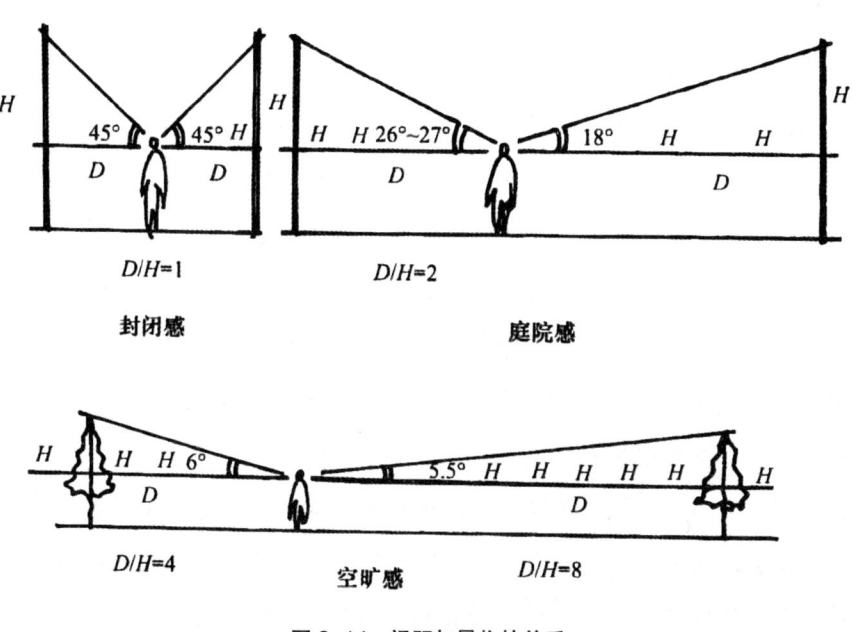

图 3-14 视距与景物的关系

## 二、景观设计的造景

### （一）景观元素的选择与组合

景观元素的选择与组合在景观设计中具有重要意义，它关系着景观的美观、实用性和生态价值。设计师需要充分考虑植物元素、建筑物元素、水体元素等，以创造出富有层次感和吸引力的景观空间。

植物元素通过色彩、形态和纹理等视觉特征为景观空间提供丰富的美学效果。同时，植物元素具有生态功能，如调节气候、净化空气、保持水土等。设计师在选用植物元素时，需要关注植物的种类、特性、适应性和搭配关系，以实现景观的美观与生态共融。

建筑物元素，如亭台、楼阁、廊桥等是园林空间中的重要景观元素，它们不仅具有实用功能，如提供遮蔽、休息和观赏等，也能够丰富园林空间的历史文化内涵和艺术价值。在选用建筑物元素时，设计师需要综合考虑元素的形态、风格、尺度和材质等因素，以及与植物、水体等其他元素的协调关系，实现景观元素之间的和谐统一。

水体元素在园林空间中起到举足轻重的作用，不仅能够丰富景观形态和视觉效果，还能为园林空间提供自然的生态环境。在选择和设计水体元素时，设计师需要综合考虑水体大小、形态、水流和水质等因素，以及与植物、建筑物等其他元素的协调关系，实现景观元素之间的统一性和多样性。

硬景观元素包括雕塑、座椅、灯光等，它们不仅能够为景观空间增加趣味性和艺术性，也具有实用性和辅助导向功能。在选择硬景观元素时，设计师需要关注元素的尺度、形态、材质和安全性等因素，以及与其他景观元素的协调关系，实现景观元素之间的和谐统一。

软景观元素包括花坛、草坪、地被植物等，它们不仅能够为景观空间增加绿色元素，也能够实现景观元素之间的过渡和衔接。在选择软景观元素时，设计师需要关注元素的种类、颜色、高度和形态等因素，以及与植物、水体等其他元素的协调关系，实现景观元素之间的统一性和自然感。

**（二）造景的技巧与方法**

造景的技巧与方法可以帮助设计师创造出具有层次感、节奏感以及和谐感的景观空间。以下是几种常见的造景技巧与手法：

对比与和谐是造景设计中常用的技巧之一，通过对不同景观元素、形态、色彩等进行对比和协调，实现景观元素之间的和谐统一。例如，在色彩搭配上，可以通过冷暖色调、对比色、同色系等的巧妙组合，实现视觉上的对比与和谐。

点、线、面的组合与运用是另一种常用的造景技巧，通过点、线、面有机组合，实现景观元素之间的层次感和空间感。例如，在空间布局上，可以通过将点状元素（如花坛、石雕等）点缀在线状元素（如小径、水沟等）中，再将线状元素融入整体的面状空间中，实现空间序列和层次感的完美呈现。

# 第四章　当代景观设计的艺术手法

景观设计的手法是指在景观空间中依照景观美学的原则，运用一系列空间组织手法，综合处理景观空间中的几何元素（点、线、面等）、物质元素（色彩、肌理、质感等）与文化要素（文脉、风格、隐喻等）。本章介绍当代景观设计的艺术手法，包括造景的艺术手法、置石的艺术手法、理水的艺术手法和古典艺术手法的当代应用。

## 第一节　造景的艺术手法

景观设计是艺术与技术的综合，在设计中有一系列艺术手法，归纳起来，有主景与配景、对景、抑景与扬景、实景与虚景、框景与漏景、前景与背景、俯景与仰景、内景与外景、季相造景等。

### 一、主景与配景

#### （一）突出主景的手法

在景观空间中，主景最能体现景观的主题和功能，往往是视线的焦点，吸引人们的注意，是空间布局的重点景物。处理好主配景的关系，就取得了提纲挈领的效果。例如，泰安九女峰《故乡的月》可称为主景。突出主景的手法有以下几种：

1. 主体升高

将主体抬高可以使游览者的视线随之升高，使主景更加突出，且在仰视的视角下，可以将远处的蓝天、建筑、山体用作背景，凸显主景物的轮廓造型。日本一座名为"屋檐下的蘑菇"的景观建筑，就是采用主体升高的景观处理方法。这是一座单一的木质凉亭，位于日本京都艺术与设计大学外的山坡上，依山而建，沿着京都东面陡峭的山坡顺势而下。屋顶既是屋顶，又像一道"屏障"，依据地势倾斜，似向下流动的溪水，唤起游客漫步在山间茂盛树冠之下的感觉。位于颐和园万寿山上的佛香阁是颐和园布局的中心，也是颐和园的标志。

2. 运用轴线和风景视线的焦点

主景应布置于景观纵横轴线的交叉点、中轴线的终点、景观放射轴线的焦点、风景视线的焦点上，因为这些位置往往是视线集中的地方，也有较强的表现力。例如，印度新德里莫卧儿花园、德国柏林索尼中心景观的圆形水景、济南泉城广场的莲花喷泉，均布置在景观轴线的终点或轴线相交点，成为此区的主景。

3. 动势向心

像水面、广场、庭院这类四周围合的空间，其周边的围合景色都具备向心的动态趋势，在中心产生视线焦点，这也是布置主景的绝佳位置。例如，杭州西湖四周景物及群山环绕，造成视线向西湖中心集中，此时，湖中的孤山便成了视线的焦点。意大利 Nember 广场，四周都是道路与建筑的围合，广场中大面积的绿化草坪使广场中心的白色活动区成为景观的视线焦点。此工程基于将城市交通道路圈所剩余的荒废区域再次规划设计利用的理念，最后形成了市民休闲娱乐广场空间构图的中心。对于规则式的景观空间，将主景放置在空间构图的中心处也是很好的选择；而自然式构图的景观空间，可以将主景放置在自然重心上。主景的体量大、位置高，可以自然地吸引视线，而主景体量小、位置低的话，可以使周围环境与主景形成强烈对比，放置在适宜的位置，也可以起到突出主景的作用。例如，在高树的中间建造小体量建筑，则建筑成为主景；在平坦开阔的湖面中心修建小岛，则小岛成为主景。由此可以看出，主景的设置要依托完善的规划，要利用好场地及环境的特点。例如，由建筑师阿齐姆孟格斯设计公司、奥利弗大卫克雷格和来自计算机设计机构（ICD）的斯蒂芬雷查特合作设计的气候响应动力学雕塑，坐落于一片草坪上，白色雕塑与周围绿色植物形成鲜明对比，此雕塑占据全局的重心，成为景观中的主景。

4.通过自身体量和色彩的对比突出主景

上海世纪大道的日晷雕塑突出，成为空间主景；标志性的华盛顿纪念碑雕塑形体简约、高耸，为了突出纪念碑的尺度，周边环绕的座凳形式宽而矮小。

全园的主景或者说主要布局中心往往是诸方法的综合。规整式布局设计通过轴线对称、主体升高、体量上的悬殊等方法求得主次分明，对于自然式布局或抽象式布局往往用空间的形式、大小、明暗对比等来突出主题。规则整体的空间与不规则的空间往往具有截然不同的氛围，二者会形成强烈的对比。典型的案例是北海的静心斋，空间的入口处设置了规则的矩形水院，营造了严肃沉静的氛围，进入后面的主景区，则是一个不规则形态的院落，院落中水池曲折、山石林立、建筑错落、树木葱郁，形成活泼生动的氛围，与前院形成鲜明对比。

无论是在我国古典园林中，还是在现代景观设计中，利用空间的形式、大小、明暗的对比都是突出主景非常重要的方法。比如，苏州艺圃，首先经过两处不同方向的线性狭窄夹景空间，然后到达由建筑方形洞门和乳鱼亭柱子形成的渗透框景，走近，眼前豁然开朗，山水景观呈现在眼前。

### （二）主景与配景的协调

需要注意的是，造景必须有主景和配景之分，配景的作用也至关重要。堆山讲究主、次、宾、配，景观建筑要主次有别，植物造景也讲究主体树种和次要树种的搭配。处理好主次关系就可以起到提纲挈领的作用。主景起主导作用，通常通过体量加大、视线集中、轴线对称、色彩突出、占据重心等方法突出主景；配景是对主景的延伸和补充，起陪衬和烘托作用，其作用也很重要，不容忽视。

## 二、对景

对景一般指位于景观轴线及风景视线端点的景物。对景既可以是规范严谨的正对称，也可以是趣味灵动的拟对称。对景多应用于较为单调的空间，如湖泊对面、草坪一角、广场焦点等，以丰富空间景致，还多用于具有导向性的空间，如入口对面、道路转折处、甬道两端等，起到引人入胜的作用。其包括以下两种形式：

### （一）正对

正对是指布置于空间中轴线两端或以轴线作为对称轴布置的景点。这样布置的景点严谨且秩序感强，能够吸引游人的视线，有时可以作为主景。比如，北京奥林匹克森林公园入口的景观石、济南泉城广场景观轴线上的泉标。美国莱克伍德公墓的教堂与中心水池形成正对之势，公墓陵园的氛围是静谧空旷的，建筑与平静的水池和树木形成一个沉静的小天地，让当代的设计与历史在这里交织。

### （二）互对

互对是在轴线或风景视线的两端设景，两景相对，互为对景。互对有自由、活泼、灵活、机动的美感。"相看两不厌"是互为对景的特征，常通过廊架形成对景视线。威海范家村道路景观采用两侧建筑形成夹景，影壁墙与特色水景在对景中遥望彼此；王道口广场设计中通过位置、体量和形态突出对景。

## 三、抑景与扬景

中国古典园林艺术历来讲究欲扬先抑的做法，在入口处设置障景、对景或隔景，引导观赏者通过封闭空间、半封闭空间、转换空间、开放空间等一系列景观序列，最终达到景观的高潮，形成起、承、转、合的空间节奏。在这一景观序列中，也会穿插使用障景、借景、隔景等手法，使得景观空间更具丰富性与层次性。

其中，障景是指在景观中抑制游人视线的景物，避免游人对景物"一览无余"，是"欲扬先抑""俗则屏之"的具体体现。在层叠的山石或繁茂的树丛间，将精彩的景观藏匿其中，避免开门见山，一览无余，把"景"部分地遮挡起来，使其忽隐忽现，若有若无。障景不仅能隐藏精彩的景致，还可以隐藏稍有不足的景致。障景既有远近之分，又可以自成一景。比如，道路两侧的隔景墙、住宅小区入口的景墙设置、桥体空间绿化，奥运村在南北四个大门的设计上也使用了障景的造园手法,将美丽的园区景色分别用体现彩陶文化、青铜文化、漆文化、玉文化的叠水影壁遮挡,取得欲扬先抑的景观效果。

有意识地把景观范围外的景物"借"到景观内可透视、可感受的范围中来,称为借景。对于借景的要求主要有两点:"精"和"巧"。借到的景色不能与环境相分离,而是要与环境相融合,达到内外呼应的协调局面。借景能够从视觉上扩大空间面积,丰富园区景色。借景可以按照距离、时间、角度等进行分类,分为远借、近借、仰借、俯借、应时而借。比如,五垒岛国家湿地公园将借景的特色完美发挥,有效借用构筑物的延伸之感和玻璃镜面的映射,将阻挡视线的障碍物去除,美丽的景色被牵引至游人的视线范围之内。此手法有效地将景物的深度、广度放大,突破已有的观赏视线,收无限于有限之中。特罗斯蒂戈山道是挪威国家旅游线之一,观景台设置在地势高处,借自然高山的壮观震撼景色把自然与人工景观巧妙结合。

隔景是将整个园区中的景色进行分隔,从而有效地保留各部分的特色,使各部分景色不会相互干扰,为游客的喜好提供多种选择。对于园景而言,隔景可使园区景中有景、园中有园,虚实对比丰富,空间变化多样。隔景用不同的物体分割可产生两种分景形式,以房屋、墙体、叠石、树丛分割,游人的视线被实体景物阻挡,称为实隔。虚隔是使用水体、疏林、小径、景廊、花架将景色分隔,使观景视线可从两个空间相互穿插,相互渗透。虚隔的例子比比皆是,如水面与廊桥增加了空间层次,丰富了视觉效果和游赏体验;折形桥丰富了水面空间,且有了近景、中景与远景的景观层次;木墙分割了两边的景色,却不遮挡视线,两边景色既各自有特点,又可相互贯穿;稀疏树林既起到分割景观的作用,又可透景两侧的景观。

## 四、实景与虚景

建筑和景观往往通过空间围合程度、视觉虚实程度形成人们视觉观赏时清晰和模糊的视觉感受,并通过虚实对比、虚实交替与虚实过渡等创造丰富的视觉感受。例如,无门窗的建筑或墙体为实,门窗较多的建筑和开敞式的亭廊为虚;植物群落密集为实，疏林草地为虚；山崖为实，流水为虚；山峦为实，林木为虚；晴天观景为实，烟雾中观景为虚。承德避暑山庄的"烟雨楼"模拟浙江嘉兴的"烟雨楼"，该景就是实景与虚景结合的典范，营造朦胧美和烟景美。有时实景与虚景是相对而言的，并且可以互相转化。

## 五、框景与漏景

框景和漏景的造景手法可使空间相互融会、渗透。传统园林实墙开有大量门洞、窗口，利用门窗开辟景观视野，视线可被门窗中的景色牵引，从而给人无穷无尽的观感体验。另外，打破的实墙使得整个空间由封闭变为流动，没有截然的分界线分隔，使得整个空间可以相互延伸，形成自由灵动的流通空间，景色在空间中如同涓涓细流缓缓流淌。在造景时合理运用门框、窗框、树框、山洞、小品将景观汇聚到框内，使景观犹如一幅美妙的画作，此手法称为框景。乡村空间更新设计尤其注重框景的使用。漏景由框景发展而来，框景可观全景，漏景则若隐若现，营造丰富的空间层次。漏景可以用漏窗、漏墙、漏屏风、疏林等手法。安铸凤厚里公园设计使用框景和漏景相结合的方式，创造丰富的观景效果；淄博周村天樾壹号小区采用现代景墙与中式园林的漏墙相结合手法，配以竹林，既丰富了景观层次，又使空间内涵丰富、典雅秀丽；济南钢铁公园采用圆形作为框景样式，在侧面和上方开设，通过竖向排列木柱形成移步异景的漏景效果。深圳翠竹公园通过廊子形成的隔景、框景、漏景变化形成设计的主体。翠竹公园基地为不规则形状，南北方向高差达 13 米。园内依照原始挡土墙的走势设置开放式折线形长廊，曲折延伸向山顶，直到与公园的另一入口相接。折线形廊架与墙体围合形成大大小小的三角形空间，将园区东侧的边界进行新的界定。不规则空间栽植竹、花、树，形成了无数优美的画卷，游人漫步其中，可以感受到步移景异的空间氛围。

与山体一同向上延伸的景观长廊将坡地分割，形成若干形式各异的台地空间，台地空间内可种植花、草、农作物等，使周围住户和孩童在体验种植乐趣的同时，最大限度地参与社区环境的构创及维护。在翠竹公园中，人们可以在大城市中找到回归田野的乐趣，感受现代中国园林的风采，见证原始生态的衍生。

## 六、前景与背景

每一个景观空间都由很多种要素组成，在景观中为了对某种景物进行特别突出，需要集中主景，同时需要在其背后或者周围使用墙面、林木、山石、水面、草地等作为背景，还可以使用虚实对比、色彩对比以及质地对比等，达到衬托主景的效果。在具有流动性的连续空间中，为了对不同的主景进行表现，我们常常会使用有所区别的背景，这样做可以让欣赏者看到强烈的景观转化，呈现出良好的视觉效果。比如，深绿色林木常常是白色雕塑的背景，衬托景常常使用水面和草地；天空和纯净建筑墙面一般是古铜色雕塑的背景；为了突出主景，松柏林或竹林常常是一片春梅或碧桃的背景；灰色近山常常是红叶林的背景，此外蓝紫色远山也是经常使用的背景。以上这些都是对背景的良好运用，借此对前景进行突出的表现手法。在景观艺术实践中，前景不能喧宾夺主，可以是多层次的，也可以是不同距离的，我们常常将处于次要地位的前景叫作添景。

## 七、俯景与仰景

在景观设计中，可以借助地形标高设计，形成地形的起伏变化。观赏者在峡谷中看山崖的时候是仰视，必然会使山崖显得更加高耸；观赏者站在高处看下面是俯视，必然会产生凌空感，因为视觉转化，观赏者会形成小中见大、大中有小的视觉效果。

## 八、内景和外景

景观空间中以内部观赏为主的景观称为内景，以外部观赏为主的景观称为外景。例如，亭子既可以供游人驻足休憩，又可以成为整体景观中的一景，因此起到内外景观的双重作用。景观空间都有一定面积和体量的局限，因此景观建筑师常常运用一些造景手法创造性地将观赏者的视线延伸至景观空间之外去猎取外部景观，借外景来丰富赏景的内容。例如，北京颐和园西借玉泉山，山光塔影尽收眼底；无锡寄畅园远借龙光塔，塔身倩影映入园境，故借景可以取得事半功倍的景观效果。

## 九、季相造景

利用四季的季相变化来创造景观,有的用独立的景观元素来表现:表现季相变化的花有春桃、夏荷、秋菊、冬梅;树有春柳、夏槐、秋枫、冬柏;山石则春用石笋、夏用湖石、秋用黄石、冬用宣石(英石)。有的用综合景观空间来表现:扬州个园的四季假山景观;西湖造景春有柳浪闻莺,夏有曲院风荷,秋有平湖秋月,冬有断桥残雪;南京四季郊游,春游梅花山,夏游清凉山,秋游栖霞山,冬游覆舟山。用大环境造景的有杏花村、消夏湾、红叶岑、松柏坡等。

# 第二节　置石的艺术手法

## 一、山石的分类

依石形、石性及皱纹走势,借鉴中国山水画和山石结构原理,将山石分为如下几类:

第一,峰石:轮廓浑圆,山石嶙峋,变化丰富。

第二,峭壁石:又称悬壁石,既有琼崖绝壑之势,又有水流的皱纹纹理。

第三,石盘:平卧似板,可以承接滴水,紧邻峰洞。

第四,蹲石:浑圆柱,可以立于水中。

第五,流水石:石性如舟,有明显的流水皱纹,卧于水中,展示流水动向,通常采用散点式布置步石,可近观或登临。

选用上述各类山石,以山水画理论与笔意,将其概括组合成山,并依据不对称均衡的构图原理,使主山峰峦层次错落,主峰嶙峋俊俏,中有悬崖峭壁,瀑布溪流,下有乘水之用的石盘,滴水叮咚,山水相互成景;次峰及散点山石与主山峰构成相呼应,构成主次分明、轮廓参差错落、富有节奏变化的景观。加之石面质感光润、皱纹多变、壮丽秀美、遒劲古拙,再于峰洞中植萝兰垂吊,景观引人注目。

## 二、置石的手法

山水园是东方体系园林景观中的典型，园林景观通常离不开掇山置石和理水艺术，即所谓的"石令人古，水令人远"，而假山置石有一套自己的章法。

### （一）布石

布石组景又称点石成景，根据地方山石的石性、皱纹、形体等不同，将山石进行分类，用一定数量的不同形体的山石与植物组合，布置成构图完美的各种置石景观。

岸石：层次错落，平面交错，保持钝角交错原则；立面参差，保持平、卧、立，有不同标高的变化，注意节奏。

阜冈、坡脚布石：运用多变的不对称均衡手法布石，以得到自然效果。布石要自然石形，而不要图案石形。

石性与皱法有关，又与布石有关。中国山水画技法构图与园林置石构图有着紧密的联系，园林布石艺术借鉴中国山水画构图理论。

### （二）叠山

叠山艺术首先要了解山石的特性、形状、纹理、色彩等，要结合园林景观的大小、需要等具体情况。小型园林的面积有限，如果没有很好的水源，则不宜开辟水池，山石就成为主景，或是与院内主体建筑形成对景。通常来说，山石不宜正对房屋的正开间，而要有所交错，形成变化。

山石的使用要恰到好处，尽量叠出特色，切忌呆板。园林中的假山既要模仿真山的具体形态，又要以传神为佳，借山石抒发情趣。宋代山水画家在《林泉高致》中对山石有这样的描绘：春山淡冶而如笑，夏山苍翠而如滴，秋山明净而如妆，冬山惨淡而如睡。[1]中国古典园林叠山正是把这种绘画理论应用到山石堆叠上，创造出具有传情作用的山石景观。扬州个园便是基于这样的创作思想，选用笋石、太湖石、褐黄石和宣石，叠成春夏秋冬四季山景，并且按春是开篇、夏是铺展、

---

[1] 郭熙. 林泉高致 [M]. 周远斌，校. 济南：山东画报出版社，2010.

秋是高潮、冬做结尾的顺序，将春山宜游、夏山宜赏、秋山宜登、冬山宜居的山水画原理运用到个园假山叠石之中。

假山的结构分为以下四类：

第一，土山。所谓土山并非全部是土，而是山的一部分是土，不杂以石块。苏州拙政园香雪云蔚亭西北角的山石即为此种类型。

第二，土多石少的山。这类假山沿山脚包砌石块，再于曲折的蹬道两侧，垒石如堤以固土，或土石相间略成台状。这类假山较为少见，拙政园内绣绮亭和池中各有一座这样的山，山形较小，另外两处山形较大的，分别位于沧浪亭和留园。

第三，石多土少的山。这类叠山在苏州园林中最为常见，其中又分为三种结构：第一种和第二种都是有山有洞型，山的四周和内部的石洞全用石料构成，只是第一种结构的洞窟较多，而山顶的土层较薄，狮子林的假山就是此结构；第二种结构的洞窟较少，顶部的土层较厚，怡园、慕园内都是这样的假山；第三种结构最为特别，没有石洞，而是中部堆土，在四周及顶部叠石，留园内中部水池的北岸假山就属于这一类型。

第四，石山。这类假山全部以石相叠，因为没有泥土的黏合，所以大多形体较小。网师园内的池南黄石假山就是全石山。

当庭院空间较小时，壁山石也是一种很好的选择，壁山石就是在墙壁中镶嵌壁岩，有的嵌于墙内，有的贴墙而筑，远远望去，犹如浮雕。《园冶》中说："峭壁山者，靠壁理也。借以粉壁为纸；以石为绘也。理者相石皱纹，仿古人笔意，植黄山松柏、古梅、美竹，收之圆窗，宛然镜游也。"[1] 也就是说，墙要白，叠山之石应参照绘画的皱法，对石的形状、大小、纹理进行选择，还要适当地添植黄山松柏、古梅、美竹等植物，宛然一幅古朴的绘画，透过特意设置的洞门或漏窗看去，效果更佳。

---

[1] 计成. 园冶 [M]. 北京：城市建设出版社，1957.

## 第三节 理水的艺术手法

自然界的水体千姿百态,其风韵、形态、声音都能给人以美的享受。自古以来,人们将其视为艺术创作的源泉,把它从自然界直接引入艺术生活中。人们按照自己的审美需求,或对自然水体加以人工改造,或直接营建人工水体,以美化生活环境,并称之为理水造景艺术。我们的祖先独创了中国的理水技法,展现了浓郁的东方特色。中国式的理水技法曾对亚欧各国的园林水景构建有过重大影响。

### 一、水体的功能

理水造景不像建筑营建那样需要花费很多的人力与物力,也不像花木那样需要精心培育和管理,只要稍加人工整理,即可收到艺术效果。因此,理水造景是造园中极为经济和容易奏效的手段,可以创造出许多动人的景观。我国古代造园家早就认识到了这一点,并在造园实践中巧妙地加以运用。概括起来,园林水体的造景功能大致有以下三点:

#### (一)水面倒影造景

"青林垂影,绿水为文"[1],北魏杨炫之的这一句话概括出了水面倒影的一种特殊迷人魅力。乾隆皇帝也写过一首题为《水闸放舟至影湖楼》的诗:四面清波平似镜,两层高阁耸如图。影湖底识为佳处,幻景真情半有无。[2] 倒影组成水面画面的迷人之处,就在于半有半无、似实而虚的幻影中。"池中水影悬生境",利用倒影组织风景的构图,最主要的是匠心独具地布置岸边景物。承德避暑山庄水心榭的倒影就是成功的一例,三座形式各异的凉亭架于石堤之上,宛如画船凌于碧波。亭影入湖,水面因之色彩斑斓,其与蓝天、白云的倒影共同组成一幅绝美的画面,犹如水中别有洞天。金山倒影,俨然似水中宫殿,连离园约五千里外的

---

[1] 杨炫之. 洛阳伽蓝记 [M]. 杭州:浙江人民出版社,2015.
[2] 陈鹤岁. 成语中的中国建筑 [M]. 天津:天津大学出版社,2015.

棒槌山峰也倒映在这幅天然图画中，令人心旷神怡。明末清初魏际瑞的《金山》一诗中言道："不信山从水底出，却疑身在画中看。"[1] 清人陈维崧说得好："水绘之义，绘者，会也；南北东西皆水会其中，林峦葩卉，块比掩映，若绘画然。"[2] 杨炫之的"绿水为文"与陈维崧的"水绘之义"最确切地道明了"水面倒影"的美学内涵。

### （二）水面动物造景

"俯视澄波，潜鳞涵泳"，清澈的湖水，为创造以鱼族、水禽为主题的动物造景提供了极好的条件。苏州沧浪亭复廊东面尽头处有方亭一座，名曰"观鱼处"，俗称"钓鱼台"，三面环水，纳凉观鱼，最为相宜，正如《观鱼处》中所写："行到观鱼处，澄澄洗我心。浮沉无定影，谗濡有微音。风占藕花落，烟笼溪水深。濠梁何必远，此乐一为寻。"[3] 凡中国园林，在水面某处都辟有观鱼景观，如无锡寄畅园池中心一侧有水榭曰"知鱼槛"；上海豫园有"鱼乐榭"，跨于溪流之上；苏州留园池水东侧有"濠濮亭"，三面环水；杭州西湖东南端有"花港观鱼"，这些都是著名的观鱼景观。

### （三）水生植物造景

种植水生植物可以美化水面，创造出生动的园林景观。承德避暑山庄水面宽广，种植荷花、菱角、芦苇等水生植物，与其他景观相配合，成为特有的审美景观。水生植物中备受人们青睐的是荷花，避暑山庄有多处观赏荷花的景点，而且每处各有特色。"曲水荷香"景点，主要观赏红莲；"远近泉声"景点，主要观赏白莲，"前后池塘，白莲万朵，花芬泉响，直入庐山胜境矣"[4]。荷花不仅以它的物理属性受人喜爱，而且以它的精神属性受人颂扬，因而在古代文人所构筑的私家园林中，每每受到园主的青睐。

---

[1] 沈德潜.五朝诗别裁·清诗别裁集：上[M].长沙：岳麓书社，1998.
[2] 陈植，张公弛.中国历代名园记选注[M].合肥：安徽科学技术出版社，1983.
[3] 陈晓刚.风景园林规划设计原理[M].北京：中国建材工业出版社，2020.
[4] 樊淑媛，段钟嵘.避暑山庄御制风景诗鉴赏[M].海拉尔：内蒙古文化出版社，2000.

## 二、水面的造型设计

借用自然水面成景是理水艺术的上乘之法,借用自然气势的水景有无锡鼋头渚、杭州西湖、南京玄武湖等,其具有开阔明净的景观效果。但多数景观水面都是经过设计的,中国古典山水园林多采用凿池筑山的手法,一举两得,既有了水,又有了山。中国古典哲学观念宣扬"石令人古、水令人远"的思想,园林无水不活,水有动态静态,得景随宜。因此,景观的水面造型设计尤其关键。

### (一)水面造型设计

唐代之前的水面设计多采用简单的方形、圆形、长方形、椭圆形,太液池发展为稍微复合型的水面空间。到北宋时期,水面景观空间更加丰富,水面中央设岛并有长堤相连,空间日益变化曲折。到南宋时,水面常与山石、树木、建筑等造景要素共同成景。

水面造型设计应注意以下几点:

第一,景观空间较小时,水面应以聚为主,池型可以是方形、矩形、椭圆形等。

第二,景观空间稍大一点时,在园林中的一角设计水面,应当以聚为主,以分为辅。

第三,景观空间中以水为主题时,可以采用湖面的造型,聚积辽阔水面的气势,使人心旷神怡。

第四,景观空间中以山水、建筑、花木等综合景观为主题时,水面应当有聚有分,空间有大有小,视距有近有远,形态有直有曲,景观随空间序列依次展开,组成极为丰富的以水景为主题或烘托水景的景观空间。例如,苏州拙政园西部景观水面潆洄缭绕,实现了空间幽静、景深延续、景色引人入胜的效果。

第五,中国自然山水园多数水面设计为不规则的形态,与西方几何式水面池型不同。但中国山水园多数与建筑、小品、花木等结合成综合型景观。在中国古典园林中,与建筑关系密切的水景,其池型设计多采用整形和几何手法,有时也采取整形与自然不规则形式相结合的手法。

## （二）池岸岸型设计

池岸岸型设计宜循钝角原则去凸出凹入，岸际线宜曲折有致，切忌锐角。岸边结构和形式宜交替变化，岩石叠砌，沙洲浅渚，石矶泊岸。或将水面分为不同标高，构成梯台跌水，增加动静互动景观。池岸与水面标高相近，水与阶平。忌将堤岸砌成工程的挡土墙，否则，人工手法过重导致失去水景观的自然气息。

## 三、理水的手法

我们借鉴以往的园林艺术，在当代景观设计中，理水的艺术手法可归纳为以下几点：

### （一）寻找"源头活水"

"问渠那得清如许？为有源头活水来"[1]，无源之水，必成死水，此为园林之大忌。园林用水贵在一个"活"字，而水欲活，必须有源。正如陈从周先生在《说园》中所写："山贵有脉，水贵有源，脉理贯通，全园生动。"[2] 丰沛的活水源乃是全园的生命线。因此，规模大的园林多以河流、湖泊为水源。我国古代造园家对解决园林水源问题早就积累了一套成功的经验。杜甫的名句"名园依绿水"，正是古代造园经验的结晶。秦始皇建咸阳宫，引渭水、樊川之水，作为园林的活水源。杜牧《阿房宫赋》中的"二川溶溶，流入宫墙"即指引渭水和樊川之水入宫墙之事。无锡寄畅园锦汇漪之水，来自惠山二泉，常年不枯。杭州玉泉，设计成整形水池，水源来自泉水。这些园林之水都是有源之水，是构建园林的成功范例。

### （二）注重水面的曲直变化

正如清代著名画家恽寿平在《南田论画》中所说："境贵乎深，不曲不深也。"[3] 园林的水面切忌做成正方形、长方形、圆形、椭圆形等几何形状，以免平板乏味。

---

[1] 李梦生. 宋诗三百首全解[M]. 上海：复旦大学出版社，2007.
[2] 陈从周. 说园[M]. 上海：同济大学出版社，2007.
[3] 恽寿平. 南田画跋[M]. 毛建波，校. 杭州：西泠印社出版社，2008.

苏州怡园全园面积不过6 000多平方米，水面却占全园的1/3，舍得用这么大的面积来构筑水景，可见设计者对水的重视。然而水面处理成近正方形，就使得水景缺乏幽深曲折感，正如陈从周先生在《说园》中所说："水不在深，妙于曲折。"[①] 因为只有"萦纡非一曲"，才能达到"意态如千里"的艺术效果。

### （三）巧妙隔水

杭州西湖用白堤、苏堤等分割成五个大小不同的水面；承德避暑山庄被芝径云堤等分隔成六个形状不一、大小不一的湖面；北京颐和园由西堤分隔成五个水面；苏州拙政园则利用粉墙复廊等将全园分割成东、中、西三园，每园又用桥、堤、廊等进行再分隔，形成多层次的观景效果。

### （四）筑岛丰富水景

中国园林在水体的处理上向来就有水中筑岛的习惯，即"一池三山"。杭州西湖在最大的外湖湖面构筑大小不一的三潭印月、湖心亭和阮公墩三个人工岛，只有这样，才能使水面多姿多彩。

### （五）制造水体清音

在园林造景中，若能运用种种手法，制造出水体的种种声音，就能使游人感受听觉美，观赏效果十分惊人。

### （六）建筑与水体相互映衬

这是计成在《园冶》中的话，讲的是水体与建筑的关系，两者若结合得好，便可以相互借景，相辅相成。水体与建筑的关系，大致有三种情形：水面包围建筑群、建筑群环抱水面和水体穿插在建筑空间中。

## 第四节　古典艺术手法的当代应用

中国古典园林因其独特的艺术风格和文化内涵在全球园林史上拥有极高的地

---

[①] 陈从周. 说园 [M]. 上海：同济大学出版社，2007.

位,被视为中华文明重要的文化遗产,在全球园林体系中独具特色。中国古典园林经过漫长岁月的积淀,形成了丰富完整的园林体系,园林艺术手法和理念也逐渐成熟并得到发展。中国古典园林的设计理念和技艺对当代园林景观建设发挥着启发作用。为了赋予中国当代园林独特的魅力,我们应该汲取古典园林的传统艺术手法,并结合现代园林设计的成功经验。通过将古典园林的设计哲学、设计理念、设计手法、设计思想融入当代园林的规划中,同时运用新的科技和材料,提升现代园林的文化内涵和审美价值。将古典园林的设计技巧融入现代园林景观建设中,可以在传承和发展优秀传统文化的基础上实现现代景观建设审美旨趣和审美内涵的提升,对于世界园林景观来说,也有着积极的促进作用,丰富韵味。下面详细论述古典园林艺术手法在当代景观设计中的应用:

## 一、利用"天人合一"的手法提升园林的自然程度

我国古代的园林设计中非常注重"天人合一"。在进行园林设计的时候,设计师尽可能地将自然景观现象进行完美还原;在对园林进行建造的时候,借助园林创造技艺使其成为宛若天成的自然景观形象。为了实现园林景观的天人合一,古代园艺师一般在选择园林地点的时候将拥有自然山水之地作为首选,在此基础上设计园内结构,提炼园林中的地形、地貌,让园林从整体上看与自然景观更加相似,并且设计师还会借助园林中原本就存在的水源渠道、山石来对园林进行丰富,使园林更加接近自然景观。

在对具有山石形象的园林进行设计的时候,应该在园林中表达对园林主人和宾客的尊重。山石的形状在园林中应该被塑造得如同真实山峰一样壮丽,无论山石的形状是否可以展现山体的全貌,这些山石都必须被雕琢得像真实山脉一样层峦叠嶂,以期展现最自然的状态。同时,园林中的水体(如河流和湖水)可被用来补充景观,确保在有限的园林空间内创造出无限广阔的山水之美。

在苏州,沧浪亭被认为是最古老的园林。园门外有一池绿水环绕园墙,水旁的山石错落有致,复廊蜿蜒如腰带一般,复廊中间的漏窗将园林内外景色融为一体。园林内的主景为山石,在山上有参天古木,在山的下面建有水池,而一条曲折的廊道将山和水连接在一起。中国古典山水园林并非简单地模仿自然景观,而

是通过艺术处理，将自然的美妙体现出来，以此使古典园林达到人与自然和谐相融的境界。

在经济不断发展的中国，城市占据很多环境，尽管冰冷的水泥建筑对经济的发展有着促进作用，但同时带来了城市绿化面积的减少，导致城市与自然园林之间存在越来越大的差距。人们设计现代园林时，除了遵循传统园林的要求和设计理念，还考虑到促进城市"可持续发展"的要求。设计者被要求尽量模拟自然环境，将园林生态还原至自然状态，这与古代园林中强调的"天人合一"理念相似。鉴于此，在对现代园林进行设计的时候，应该尽可能在现代园林理念的基础上将景观与自然景象融合，确保景观可以与人们的生活融为一体，实现城市与园林共融，为城市的持续发展做出贡献。

## 二、充分借鉴"巧于因借"的造园手法

在我国古代的园林设计中，"巧于因借，精在体宜"是一种常用的设计手法。在园林选址上，有些园林选得非常巧妙，不仅有山、水等自然景观，还能在创作中通过技巧和方式实现对外部山、水的"借用"，也就是将外部的山水景色融入园林内部实现内外景观的协调统一，既充实了园林内部的景色，又提升了整体层次效果，使内部景色与外部景色实现了协调与整合。

颐和园是一个典型的古典园林作品，是"巧于因借"的代表，其设计师善于根据周围环境进行合理规划。整个园区主要由两部分组成——燕山余脉的万寿山和昆明湖，万寿山高达60米，园内的建筑群沿着万寿山山势修建，与西面的玉泉山融为一体，营造出层次分明的景观。颐和园的主要湖泊为昆明湖，昆明湖中有一个自西北逶迤向南的西堤，西堤与支堤实现了对湖面的切割，划分成大小不同的三片水域，在这三片水域中都有湖心岛，湖面因为分隔的岛堤呈现出具有层次的视觉效果，园林之外的玉泉山和山顶的玉峰塔的倒影映入湖中，增添了景致的层次感，园内的湖山景观与外部环境相互辉映，成为颐和园中的重要景色。

现代园林景观与古代园林景观有差异。我国大部分园林所在地区周围多为建筑景观，充满现代气息。因此，在运用传统园林设计手法时，设计师需要充分融

合现代城市的特色，巧妙地将独具特色的城市元素引入园林内部，同时在园林中融入现代元素。这样一来，游客在游览园林时，不会觉得城市与园林之间有明显的不协调，可以欣赏到融合了自然与现代元素的景观，大幅度提升了园林内外的和谐与协调。

### 三、充分利用址内优势

古代对园林地址选择的时候，造园师主要看重的是选址处所具有的自然景观形象，如山川湖泊等，并结合当地的风景特色，巧妙地利用周围的环境，在原有基础上打造出一处独具韵味、具有自然美的园林景观。在部分园林中，有一部分属于之前构建的，在对其进行改造或创新时，也可采用类似的手法，保留原有景观的精华，经过精心设计调整，使园林景色更具魅力。

静宜园是一座完全的山地园林，坐落于北京西北郊香山，山是主要景观，景点分布在山间丘陵之间，在园林北门附近有一个湖，名为眼镜湖，因为被一分为二，与眼镜非常像，因此得名。湖水的北面有山坡，用叠石进行造景，有一泉水从山洞里涌出，形成一个小瀑布，被称为"水帘"。在它的北部有一个像香炉形状的山峰，顶部由两块巨大的石头构成。在设计静宜园时，造园师充分考虑了原有的地形和地貌特征，并结合了环境特点，按照皇家园林的标准与要求，成功打造出独具风格的园林艺术作品。

在当前，国外理念不断涌入和现代审美观念多元化发展，使得部分现代园林设计师的设计理念受到影响，他们有时会摒弃传统园林设计中的因地制宜方式，而倾向于在设计中融入个性化和现代感强的元素，结果可能导致园林整体美感受损，呈现出浓郁的现代气息。因此，在园林设计中，设计师可以在一定程度上保留园内部分景观，并适当地对结构布局进行改造，增强园林的自然氛围，在节省造园成本的同时确保整体美感不受损害。

## 四、独特的植被造景艺术手法

在古典园林设计中,应该在与园林整体风格一致的前提下选择植被的种类与种植形式。对于私家园林、大型园林内的小空间等小范围的园林空间,在对植被进行选取的时候,需要将不同植物的美感体现出来,使得各种植物的搭配形成和谐美。一般来说,使用少量的树木进行配置,主要以单株、双株、多株、丛植等形式来实现,以此呈现出与自然界天然植被特点更接近的效果。对于范围较大的园林空间,园林设计师应该尽可能地将植被的群体美展现出来,为游人呈现整体的植被群落美感。

在古典园林中植被造景有着不同的内涵与意境,主要设计依据为植物的生长习性以及观赏效果。在进行植被造景的时候,设计师将植被拟人化,使得不同的植被有着不同的个性与风格韵味。同时,植物的颜色和状态根据不同季节会有所不同,呈现出园林在四季更迭下形成的景观。

植被的布置与设计在现代园林设计中是重要的组成部分,直接关乎园林的整体美观程度,也对园林的和谐程度有着直接影响。在对园林植被进行选择的时候,设计师应该对古代园林的设计手法进行借鉴,根据植物的生长特点选择与园林相适应的植物,并据此设计出具有层次感的园林景观,不仅使园林的景观得以丰富,还使植被获得良好的生存条件,合理地获取地下的养分和水分。这样既可以丰富景观的层次感,又可以有效地保护园林土地。

## 五、利用具有典型意义的植物增添意境

古代园林的造园师更倾向于使用各种植物来丰富园林,营造良好的意境,使园林得以升华。在古代,人们常常用植物来比拟人的气质,比如,将桃花比作宜室宜家的女子;将松柏比作品行高洁、孤傲不群的人;将竹比作有气节的人。在古代,大部分园林都为私人园林,它们基本上具有独特的意境,园主们设计园林时喜欢使用富有象征意义的植物来增强园林的氛围,展现他们的品位和气质。"梧竹幽居"是拙政园里的亭子,这座亭子的名字取自周围种植的梧桐和竹子,不仅

与亭子相呼应，还巧妙地展示了庭院主人高风亮节、孤傲独立的品性，为景色赋予独特的意义。

在现代园林景观设计领域，设计师可以在营造特定氛围的同时，合理规划园林内部的结构。设计师在特定环境中布置具有代表性的植物，不仅可以提升局部景观意境，还可以借助这种造物手段实现整体园林设计水平的提高。设计师在对园林进行规划的时候，应在综合考量植物生长特性以及环境因素的基础上，合理改造园林景观。举例来说，在长廊外的湖畔栽种莲花并饲养锦鲤，将为区域增添高雅清幽的意境，为游客提供更好的景观体验，使得游客的心境得到提升。

# 第五章　当代不同类型景观设计的实践

本章内容为当代不同类型景观设计的实践，具体介绍城市街道景观设计、城市广场景观设计、居住区景观设计、公园景观设计、滨水带景观设计和其他类型景观设计。

## 第一节　城市街道景观设计

### 一、城市街道的基本概念和功能

#### （一）城市街道的含义

在城市中，街道是重要的组成部分。城市形象中，街道是重要的影响因素，成为人们认识城市的重要场所和展示城市形象的重要窗口。在城市中，街道景观成为最具生机与活力的场所，也是最动人的空间形态，为城市景观增加了人文内涵。

从广义上讲，城市街道作为一种景观形态，是实体建筑结构围合而成的室内景观空间之外的街道区域。

#### （二）城市街道的要素

世间万物的构成形式无所不在、无所不容。综观城市街道景观的构成，离不开街道两旁的建筑物、绿化、道路、阳光、水、气候、人的活动、生活事件等，室外街道环境是人与自然和社会直接接触并相互作用的活动天地，不仅幅员辽阔，而且变化万千。因此，街道的构成要素可分为动态要素和静态要素两个方面，如图 5-1 所示：

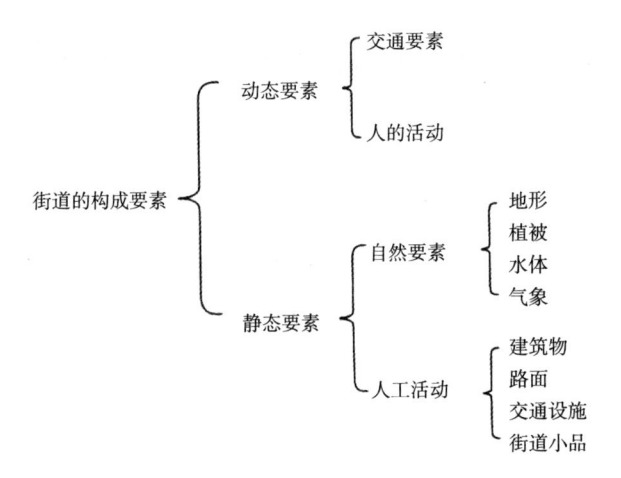

```
                    ┌ 动态要素 ┬ 交通要素
                    │          └ 人的活动
街道的构成要素 ─────┤          ┌ 自然要素 ┬ 地形
                    │          │          ├ 植被
                    │          │          ├ 水体
                    │          │          └ 气象
                    └ 静态要素 ┤
                               │          ┌ 建筑物
                               │          ├ 路面
                               └ 人工活动 ┤
                                          ├ 交通设施
                                          └ 街道小品
```

**图 5-1 街道的构成要素**

### （三）城市街道的功能

城市街道的功能大致划分如下（图 5-2）：

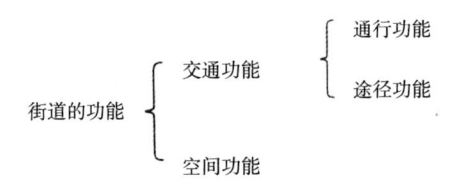

```
              ┌ 交通功能 ┬ 通行功能
街道的功能 ───┤          └ 途径功能
              └ 空间功能
```

**图 5-2 城市街道的功能**

#### 1. 交通功能

（1）通行功能

这是城市街道为了让行人安全、迅速、舒适地到达目的地所应具备的第一个功能。

（2）途径功能

途径功能是指使行人方便、准确地通过道路到达目的地的功能。

以上两种功能统称为交通功能。

2. 空间功能

若将城市比作人体，街道就如同人体的神经和血管，不仅是电力、通信等公共设施所在的重要场所，还在城市的通风和采光方面发挥着重要作用。当自然灾害出现的时候，街道所具有的空间功能不仅可以方便人们散步、休息、交流，还能成为人们避难的重要场所。

每一座城市的街道景观设计都要求既能满足上述的通行、途径、空间三个功能，又能保持平衡，做到整体形态上的统一。然而，在实际中却难以确定所有的空间功能，而从单方面来确定街道的构成也是不可能的。因此，根据通行功能确立设计方法成为最基本的手段。

街道具备的功能、沿街建筑物的用途都可以在街道的景观上反映出来，道路景观如果仅从街道自身功能的发挥角度来考虑，必然是粗糙的，并不能实现整体上的统一。在进行街道景观设计的时候，应该对景观中的各种要素进行科学和合理的设置，发挥它们的作用，并以良好的形式表现它们的功能，使得街道具有的通行功能、途径功能、空间功能之间实现完美的平衡，进一步保证城市道路景观的实用和美观。

## 二、城市街道的类型

根据城市街道的交通情况、行人流量、功能服务情况等，在景观设计的实际项目中，城市街道大致可分为景观大道、商业步行街（包括商业内街）、人行道、城市滨江（河、海）道等类型。在设计过程中，应该根据不同类型的街道景观特点展开针对性的设计，在对人的需求和交通功能满足的基础上为城市创造出美观、人性化的街道环境和景观。

（一）景观大道

景观大道往往是城市的重要标志，甚至可以说是城市的灵魂。景观大道担负着城市重要的交通枢纽和形象展示的功能。

（二）商业步行街

商业步行街人流集中、环境喧闹，是城市中心最繁华、商业活动最为集中的路段。步行街两侧为商业店面，吸引着大量城市居民和外地游客。

### （三）人行道

人行道又称为步行道，是指车行道边缘至建筑红线之间、可供人行走的专用通道。人行道与车行道平行，乔木和灌木以规则式、自然式、规则式与自然式结合的方式进行带状绿化辅助设计。人行道的布置与街道断面绿化布置形式有关。

### （四）滨江（河、海）道

滨江（河、海）道一般指设置在城市水体旁的道路。滨江（河、海）道有一面与水相邻，有着非常广阔的空间，环境非常优美，居民喜欢在此进行娱乐活动，也喜欢在此休息。滨江（河、海）道的另外一侧大多为城市建筑，中间为绿化带。在对滨江（河、海）道进行设计和规划的时候，会受到自然地形的影响，并且在设计的时候应该考虑水岸线的曲折变化和起伏。在与水体相邻的一面应该设置栏杆，也可以在此设置一些设施，如座椅，增加人们亲水的机会，满足人们与自然亲近的愿望。

## 三、城市街道景观设计的基本原则

### （一）因地制宜原则

依据道路类型、性质功能与地理、建筑环境进行合理规划布局，因地制宜地创造道路园林景观。

### （二）人性化原则

道路绿化要充分考虑行人的人身安全和驾驶者的行车安全以及行走环境和行车环境的舒适。

### （三）生态原则

提供尽可能多的遮阴面积，尽可能多的绿化面积，充分发挥植物的作用，达到净化空气等目的，提高城市道路环境质量。

## （四）适应性原则

植物品种选择以及布置方式能保证其良好的生长态势，适应道路的特殊环境。选择乡土树种是常用的措施。

## （五）多样性原则

道路绿化形式多样化，塑造美丽街景。

## （六）特色性原则

植物品种以及配置方式的不同、色彩搭配以及造型上的差异、配套景观小品设施的各种外观形式，都是塑造道路景观特色的方法。

## 四、城市街道景观设计要点

### （一）城市街道路面设计

1. 非机动车道

在非机动车道设计中，首先，需要充分考虑道路使用者的特点和需求。不同类型的非机动车辆，有不同的尺寸和速度要求。例如，对于自行车来说，应确保非机动车道的宽度足够，以容纳大量的自行车通行。同时，要注意非机动车道与机动车道之间的分隔方式，确保安全和便利。其次，非机动车道的建设需要考虑周边环境因素。在市区，非机动车道与建筑物、商铺、交通设施等要素相互关联，因此需要考虑好相对位置和互动关系。最后，应考虑非机动车道与行人步道、公交站等交通设施的衔接，确保交通的流畅和安全。为街道景观设置隔离带、增加街道的路面标志等，可以提高交通安全系数。在郊区和景区的非机动车道建设中，考虑自然环境因素尤为重要，如对树木、湖泊等自然景观的保护和利用，可以在非机动车道设计中融入景观元素，提升视觉效果和用户体验感。

2. 路面排水

现在我国城市街道的排水措施多为工程化的处理。近年来，我国许多地区多次遭受雨洪灾害，排水设施的处理更加重要。基于低冲击开发模式，建立生态排水系统，建设城市绿色街道，在雨洪灾害时值得提倡。

### 3. 坡道与台阶

街道坡道的设计对行走有一定的影响，特别是山地城市，路面缓坡引起坡度变化的问题以及行进方向上的直角坡度等，都会给行走、乘车带来困难。在满足步行便利的同时，要考虑视觉感官效果。

台阶作为向上运动的水平变化方式，在考虑它的规则、不规则、整齐的阶梯设计时，可以适当地加入缓步台来增添层次感。

在街道路面的设计过程中，应注意坡道与台阶的结合，一定要在满足无障碍要求的前提下完成设计。

### 4. 路面铺装

在选择铺装材料时，要注意交通材料的特点，以及注意停车带和步行混合带两者共同的特性，为人的行走建造合适的、舒适的步行路面。材料的质感、组织的肌理、尺度的控制、色彩等都能形成丰富多彩的街道景观和特色。

不同的材料还对人与车的行为具有一定的暗示作用。如沥青、水泥混凝土路面车辆可以快速行驶，砾石路面则需要减速慢行。地砖作为最常见的人工化的铺设材料，不仅可以在形状、大小、色彩等方面有很多选择，还可以用石材进行加工，根据需要来制作。

## （二）城市街道绿化

### 1. 行道树

行道树绿化设计最主要的考虑要素包括树间距和枝干高度。行道树株距要根据树种的苗木规格、生长速度、交通和市容要求等因素来确定。行道树枝干高度应根据其功能要求、交通状况、道路性质、路幅、树木分枝角度大小来定。行道树分枝点最低不能低于 2 米，交通干道上的行道树枝干高度不宜低于 3.5 米。

### 2. 绿化带种植设计

考虑绿化带对视线的影响，树木的株距应当不小于树冠直径的 2 倍。根据绿化带宽度的不同，可以选择不同的绿化方式。宽度大于2.5米以上的绿化带，可以种植一行乔木、一行灌木；宽度大于6米的绿化带，可种植两行乔木，或者采用大小乔木和灌木配搭的复层方式；宽度大于10米的绿化带，甚至可以设置多行或者布置成花园林荫路。人行道绿化布置方式以乔、灌、草搭配，前后层次处理，强调韵律与变化为基本原则。

3. 交叉路口、交通岛绿化设计

交通岛一般为封闭式绿化区，常以嵌花草皮花坛为主，或以低矮常绿灌木组成简单的图案花坛，切忌用常绿小乔木或者大灌木充塞其中，以免影响视线。植物配置讲求内高外低的立体层次，讲求色彩搭配，讲求好的图案效果，讲求合理的疏密度。

4. 桥头绿化设计

绿化布置一定要保证不影响行车视线。因此，植物高度应当控制，植物可以选择代表性品种，要求色彩丰富、鲜艳，能形成视觉焦点。

5. 滨水绿化设计

选择适应滨水生长的植物品种，尤其要重视耐水性好的植物。可以根据滨水路段规划布局方式的不同，采用相应的植物配置方式。植物的疏密和收放的变化，可以形成峰回路转的园林意趣。斜坡带的绿化，重视水土保持和图案的运用。流水状图案的应用，可以帮助表现滨水的特点。

**（三）城市街道照明设计**

城市街道照明如果具备优秀的设计，可以成为城市夜间景观的重要装饰，丰富整体环境。在设计城市街道的照明时，我们需要考虑以下几点：

第一，夜间照明并非仅针对单个物体进行照明，所有的照明灯会连接起来，将城市街道的美景勾勒出来，呈现出线条美。

第二，建筑的照明对于街道空间的景观产生了直接影响。在制定建筑照明方案时，我们应该综合考虑建筑物的规模、高低、外观特点、风格、色彩以及材料等因素，因为这些因素的不同会产生不同的照明效果。此外，水边、雕塑、树木、标志等城市小品也可以将街道照明的美感展现出来。

第三，不管是街道照明中的灯具还是支柱，它们的色彩、形状、构思等都会影响城市白天的街道景观。因此，在对其进行设计的时候，应该与街道景观的基调保持一致。

### （四）城市街道景观设施设计

城市街道是重要的公共空间，居民可以在此进行各种活动。为了满足人们的日常生活需求，我们可以在街道上放置相应的设施，以此提高人们的体验感，使人们的生活更加舒适和方便，也更加快乐。街道设施主要指街道上的人造设施，包括座椅、路灯、雕塑、候车亭、招牌、喷泉、标志、垃圾桶、电话亭、解说牌等。在整个街道空间中，这些设施是重要的组成部分，从深层次上看，这些设施也体现了城市的文化特色，蕴含文化内涵。

1. 公交车站设计

在设计公交车站的时候，一方面，应该从人们等车的需要考虑；另一方面，应该对人们在等车过程中天气方面的因素进行考虑。要做到公交车站与周围环境的协调一致，不能突兀，并且应该尽可能让等车的人有舒适的体验感。

2. 电话亭设计

在设计电话亭的时候，我们不仅要从通话功能出发，还应该考虑为使用者提供安静的环境，以及在使用过程中免受噪声、雨雪天气等因素影响。

3. 标示系统设计

在城市街道上，标示牌设计的作用是显而易见的。街道景观中的标示系统不仅对人流有着重要的导向指引作用，也能直接反映街区特色，设计时要充分考虑这一点。

4. 雕塑设计

随着时代的进步和发展，现代景观雕塑已经成为城市街道景观的重要组成部分。设计雕塑的场所往往是能够为人们欣赏景观提供重要的环境空间和欣赏空间的地段，为传递一个地区、一个城市、一种社会现象提供重要的信息。

5. 座椅的设计

座椅是人们放松和休息的重要设施。为了避免使用者暴露在阳光和雨中，可以选择在街道旁边的树荫下放置座椅，但是设置的时候应避免过于密集布局，避免面对面设计，应与如护栏、路灯、垃圾桶等周围环境融为一体，以实现与环境的和谐融合，为人们带来良好的体验。

6. 公共厕所设计

现代公共厕所的设计，在满足使用功能的同时，应满足作为一个特殊场所所需的外观设计，并结合周边的环境景观。此外，还需考虑特殊人群对无障碍卫生间的使用需求，门口可以设计斜坡，方便行动不便者和使用轮椅的人进出。斜坡的设计应符合相关无障碍标准，确保安全和易于操作。内部也要配有无障碍设施。

7. 停车场地设计

在设计停车场的时候，应该在考虑停车需求的基础上，对停车场内的生态绿化进行关注，并且要考虑大众行为心理。

## 第二节　城市广场景观设计

城市广场是一个具有特定主题理念和规模的户外公共活动空间，通过建筑、道路、自然景观等组成，满足城市社会生活的多方面需求，并主要采用步行交通方式，主要构成为软质景观、硬质景观。

### 一、城市广场的功能

广场主要是基于城市功能或是城市空间结构的要求而设计的，城市广场的功能主要有组织城市交通、社会活动中心、体现城市风貌、防灾避难。

## （一）组织城市交通

城市广场有着交通集散的作用，同时是车流、人流的交通枢纽，有组织人流、车流、物流集散的作用，对于缓解城市环境中纷繁复杂的交通矛盾起着举足轻重的作用。

## （二）社会活动中心

广场提供的公共活动空间满足了人们组织集会、休闲、娱乐、聚会、交往、商贸等活动的需要，是居民户外休闲、社会交往的公共场所，为居民参与社会公共生活创造了条件，是人们的政治文化活动中心。

## （三）体现城市风貌

现代城市广场承载着表现城市风貌和文化内涵的作用，广场外观形态及所展现的城市文化特质成为城市的重要标志。形态多样的广场景观建设大大丰富了城市空间，也成为城市中亮丽的风景，丰富的广场景观元素更成为城市焦点。

## （四）防灾避难

广场是城市防灾避难系统中的重要场所，具有紧急疏散、避难、临时安置的社会功能。例如，"5·12"汶川地震发生后，都江堰市水文化广场等公共活动空间立即成为居民应急避难的"生命绿洲"。因此，设计广场景观时，其安全性、无障碍要求以及城市服务设施的配备都是必须考虑的。

# 二、城市广场的类型

## （一）市政广场

市政广场作为一种城市广场，可以用于政治集会、文化集会，也可以用于庆典和检阅，同时能举办传统民间节日活动。比如，意大利的佛罗伦萨市政广场、我国的天安门广场都属于市政广场。室内的集会空间是广场上的主体建筑，室外的集会空间为广场，主体建筑是室外广场空间序列的对景。建筑以及景观一般对称布局。

### (二）纪念广场

纪念广场作为一种城市广场，主要用于对人或者事件进行纪念，较为典型的如南昌的八一广场。在纪念广场中心位置或者在侧面会有一些标志物，可以是纪念雕塑、纪念碑，也可以是纪念物或纪念性建筑。一般来说，主体标志物主要处于构图中心，因此需要使其形式与纪念气氛及象征要求相一致。广场其实是作为纪念性雕塑的重要组成或者纪念碑底座的有机部分。为了从整体上增强纪念广场的艺术表现力，我们应该使其中的所有组成保持一致的风格，并且相互呼应，如雕塑、建筑物、绿化、水面、竖向规划、地面纹理。

### （三）交通广场

交通广场是交通的连接枢纽，是城市交通系统的重要组成，不仅具有交通、集散的作用，还具有联系、过渡、停车等功能，以此实现对交通的合理组织。在对交通广场进行规划和设计的时候，可以在竖向空间上进行布局，这不仅有利于缓解城市交通问题，还可以对车流、人流、物流等进行合理组织，以此保障广场的顺畅与方便，满足行车需要、安全需要、行人需要以及停车需要。

### （四）商业广场

商业广场的主要功能在于购物以及进行集市贸易，可以采用室内外相结合的方式在商业中心区实现室内商场与露天、室内商场与半露天市场的结合。从布局方式上来看，商业广场一般为步行街，便于顾客购物，避免混乱的人流和车流，同时为人们提供休息、社交和用餐等服务，是城市生活的重要中心。商业广场一般位于整个商业区主要流线的主要节点上，可布置多种城市小品和娱乐设施供人们使用，如我国目前国内规模最大的"一站式"购物休闲广场——浙江宁波天一广场。

### （五）娱乐休闲广场

在城市广场中，娱乐休闲广场主要是方便人们休息、游玩、交流的场所，也是举行各种演出和活动的场所，山东省济南市的泉城广场是典型代表。在娱乐休闲广场中应该包含台阶，也应该有座凳，可以让人们在此休息，并且应该有花坛、雕塑、喷泉、水池以及城市小品等，让人们可以在此观赏。在娱乐休闲广场中应该体现自由的布局，应该营造欢乐轻松的氛围，保持形式的多元化，并且要以一定的主题为中心思想进行设计和规划。

## 三、城市广场的设计原则

### （一）限定性原则

广场景观设计首先要进行明确的边界限定。广场的边界线清楚，能成为'图形'，此边界线最好是建筑的外墙，而不是单纯遮挡视线的围墙[1]。建筑是最有力的限定元素，地形、绿化、水体、城市小品等也有重要的限定作用。

### （二）领域性原则

广场景观设计要创造特定的空间领域。"具有良好的封闭空间的'阴角'，容易构成'图'"，而让人具有领域感。和其他外部空间一样，L形、袋形空间由于其良好的空间感，更利于形成特定的空间领域。[2]

### （三）互补性原则

广场景观设计要塑造良好的图底关系。广场地面与围合的建筑物及广场中的建筑物、构筑物等实体竖向景观元素在空间上"虚、实"互补，要特别关注地面铺装，硬地铺装及其草坪植物配置对于其他三维空间要素而言，可视为图底，具有补充、完善图形以构成良好的图底关系的作用。

### （四）协调性原则

广场景观设计要把握协调的竖向尺度。周围的建筑具有某种统一和协调，高度与视距有良好的比例（H/D）。为了让人们在广场上产生适宜的视觉感受，广场的尺度、规模应与界定它的建筑高度和体量具有协调的比例关系。

---

[1] 芦原义信.街道的美学[M].尹培桐，译.天津：百花文艺出版社，2006.
[2] 同[1]。

## 四、城市广场绿地规划设计的主要内容

### （一）城市广场的空间环境分析

1. 广场使用人群

（1）人在广场中的行为心理

著名心理学家马斯洛把人的需求分为五个层次：生理需求、安全需求、社交需求、尊重需求、自我实现需求（图5-3）。为了创造一个与人们在广场中活动的行为心理相契合的广场空间环境，我们需要深入研究和理解人们的心理需求，尽可能满足各种不同层次的需求。

**马斯洛需求层次理论**

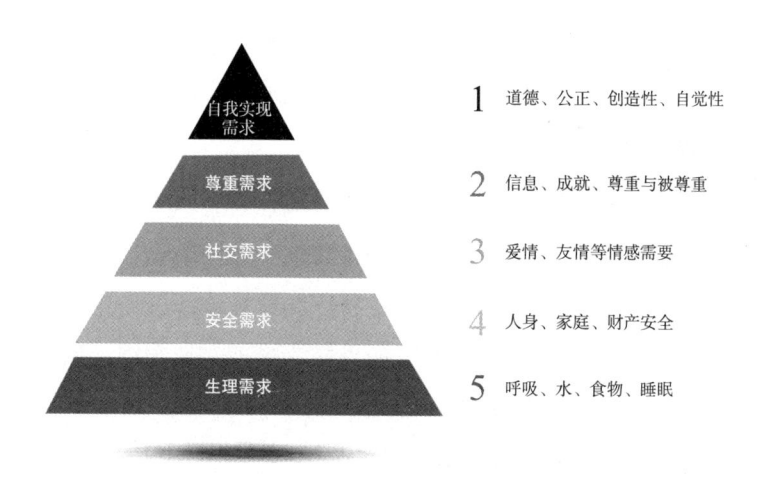

1 道德、公正、创造性、自觉性 — 自我实现需求
2 信息、成就、尊重与被尊重 — 尊重需求
3 爱情、友情等情感需要 — 社交需求
4 人身、家庭、财产安全 — 安全需求
5 呼吸、水、食物、睡眠 — 生理需求

**图 5-3 马斯洛需求层次理论**

在广场上，市民有着丰富多样的行为活动，既有个人行为（自我独处），也有社会行为（公共交往），展现出私密性和公共性并存的特点。各种行为发生对于环境的需求，是广场设计者需要充分考虑的。

人的行为与距离有着密切的关系，人们对于广场的选择从心理上趋从于就近、方便的原则，有效利用景观诱导也是常用的方法。人对广场的感知包括静态感知、动态感知以及引发联想三个层次，需要在设计中引起重视。

（2）人在广场中的活动规律

在广场空间中，人们的行为虽然总体上是朝着某个目标前进的，但是受到多种因素影响，导致活动的内容、方式、特色以及秩序表现出一定程度的不确定性和随机性。

活动方式包含个体活动、成组活动、群体活动，具体来说，包括休息、观赏、游玩、散步、表演、交往（包括公共性交往、社会性交往、亲密性交往）等。各种活动方式需要不同的广场空间。

在城市广场规划设计中，我们需要对人的行为心理进行研究，并且对人的活动规律进行探究，在此基础上，秉持以人为本的原则，只有在设计中体现对人的关怀和尊重，才能让人们真正感受到城市广场是其所向往的公共活动空间。

2. 广场周边环境类型

要想使城市广场空间具有整体性，就需要设计者对广场的性质和区位有正确的认识和定位，在与城市环境结合的基础上，对广场具有的功能进行表达和实现。

（1）城市空间核心区

位于城市核心地带的广场有着多样的功能，具有较大的尺度，可以展现出城市的整体风貌。一般来说，广场的周围会建设一些建筑物，以此突出中心，使其成为城市整体空间环境的核心。由于这些广场通常位于城市中心地区，有着密集的建筑、较高的容积率、交通繁忙，所以应该处理广场与周围用地的关系、广场与建筑的关系以及广场与交通的关系。

（2）街道空间序列或城市轴线节点上

城市步行商业区是这种广场在城市中应用最多的地方，其以特定主题为特色，通过步行街将它们与其他独具特色的广场连接起来。将线性空间和块状空间融合在一起，这不仅使城市空间得以拓展，还能增强城市空间的广度，提升城市空间群体的影响力，并且增加城市空间群体的感染力。

（3）城市入口

位于城市入口的广场有着非常重要的位置，是进出城市的必经之地，是城市的门户，也是其他城市人群对城市的第一印象地，通常被称为交通性广场。在对这种广场进行规划和设计的时候，必须考虑动态、静态交通问题，如处理复杂的人流、货物流、停车场等交通问题，同时需合理布局广场的服务设施，有序规划人们的活动空间，统一协调广场的景观设计，将广场的功能和形式融入城市公共空间的整体考虑之中。

（4）自然体边缘

处于自然体边缘的广场实现了与自然环境之间的融合，这种类型的广场最能体现可持续发展的原则以及生态原则。对于这种类型的广场，我们通常利用自然景观资源和生态要素，如溪流、江河、山岳、林地和地形等，创造出没有汽车干扰的公共开放空间，这种空间专门供步行者使用，并与绿地紧密结合。

（5）居住区内部

城市住宅区内的广场通常被设计成一个集游戏、健身、文化娱乐和休憩于一体的场所，供居民散步和享受户外活动所用。尤其在居民密集的高层住宅区，更应该提供户外活动空间供居民使用。这种广场尺寸较小，设计简单，没有复杂繁多的功能。在对广场的位置进行选择的时候，应该从居民的需要出发，与周围居住空间保持协调一致，为了提高广场的可用性以及观赏性，可以在广场内设置凳椅、花草、树木、亭台、廊架等。

总而言之，在城市空间环境中，城市广场是非常重要的组成部分，在城市公共空间体系中占据着非常重要的位置，发挥着重要作用。在建设城市广场的时候，我们应该把其放在城市公共空间体系中进行规划，使广场不仅与城市整体上保持协调一致，还要将其"画龙点睛"的作用发挥出来。

3. 广场空间的尺度

在影响城市广场空间设计的因素中，城市广场尺度的处理是关键。广场的尺寸既会影响人的行为，也会对人的感情产生深远的影响。空间距离越短亲切感越强，距离越长越疏远。鉴于此，日本芦原义信就外部空间设计提出了20～25米的模数，经过大量的实践，证明了人们感到舒适的尺度为20米左右。

正因为实体的高度与距离的比例有所不同，除了距离，历史上许多好的城市广场空间D与H的比值为1∶3。

值得注意的是，广场空间的设计受到多方面因素的综合影响，包括活动性质、活动内容、布局、视觉效果、采光、尺寸感和周围建筑等，同时受到与周围空间的对比影响。假如人们在只有3~5米的狭小长街中行走，突然走入一个20~30米的开阔带，此时人们就有了步入广场的感觉和体验了。如果广场的面积较小，且缺少设施和休息场所，也会让人觉得空旷无用，"广而无场"，无法发挥出它的作用。在大型广场中，如果设有具体的活动区和相应的设施，也会带给人一种丰富的体验。

4. 广场空间与周围的建筑关系

建筑对于广场空间的形成起着重要作用，建筑组合形式的不同会形成不同类型的广场空间形态。

（1）四角敞开的广场空间

广场的周围没有围墙，人们可以通过位于四个角的道路到达这里，这种类型的广场有一个不足，即广场建筑与广场地面因为道路被迫分开，导致广场空间成了一个"中央岛"，未实现与建筑之间的紧密联系，不能呈现较为集中的广场空间，相对来说是涣散的。

（2）四角封闭的广场空间

四角封闭的广场空间与四角敞开的广场空间是一个完全相反的广场空间，其四周都被封闭了，只有在建筑的中央有开口，这种设计使得广场周围的建筑设计受限较多。我们应该在设计中统一考虑整体性，使建筑物之间保持相似的形式。人们在外部观看广场的时候，如果在广场的自然焦点处没有任何东西，人们的视线就不会有遮挡，就不会产生较好的空间效果。鉴于此，我们可以在广场的中央布置一些雕塑，让雕塑作为对景，同时对尺度的问题进行考虑，并且，采用简洁的设计，以此对轮廓线进行突出，增强效果。

（3）三面封闭、一面开敞的广场空间

在现代城市中，这种城市广场空间非常普遍。这种类型的广场一般一面为城市道路，其他三面为建筑物。人们如果站在道路上向广场内看，广场会呈现非常好的空间感和封闭感。这种广场通常以面向道路的建筑作为主要焦点，因此需要对此进行精心设计。当人踏入广场时，会观察到街道上忙碌来往的人群和车辆，整个广场充满活力与生机。我们常常在广场与道路相邻的这一面设置分隔空间，如绿化、座椅、喷泉等，以此保证广场空间的完整性。在这样的广场中，不仅包含建筑，还包含各种小品，它们共同构成了整体空间。

（4）作为主要建筑物的舞台装置的广场空间

在每个重要建筑物的主要立面前，都设有一个广场，让人们可以在这里欣赏建筑的设计特点。周围的其他建筑物为这个场地增添了广场的氛围，具有了广场空间的意义，对主要建筑物的景观实现了控制，使人的视线不至于在开敞的空间周围摇摆不定。当主要建筑物具有较大的规模或独特的设计时，我们应当将其置于显眼的位置，以主导广场空间，并将其他建筑物视为广场空间的补充。这种构图可以看作以这些建筑物为主体的布景设计。与前述的例子由空间支配建筑的形式相反，这是建筑支配空间的形式。

一般来说，在这种广场空间中，主体建筑物位于广场的一侧，确保与相邻建筑物垂直而非平行。这样设计能够减少潜在冲突与矛盾，同时让建筑物的主立面更加醒目突出。此外，我们可以在广场上设置一些绿化或者是建筑小品，但前提是不能挡住人们通过广场空间观看建筑构图。

（5）建筑群体与广场空间效果

在建筑群体环绕的广场空间中，当立于空间中的建筑物的正立面以外角相接时，会为我们呈现出非常立体的视觉效果；反之，则会产生空间容积的效果。当相邻建筑物的正立面相似且紧挨在一起时，广场空间会显得更加封闭；反之，则会显得开阔一些。

事实上，按照一个模式设计建筑物是行不通的，也是不可取的，只能使大部分建筑的形式有某种相似性；当建筑的形式十分相似时，一般需要采取视觉处理手法使它们发生联系，如使用柱廊，或使建筑物之间有一些转折变化以连接两个构图，获得统一感。

（6）广场空间与道路的关系

广场与道路的组合，一般来说有三种方式：道路引向广场、广场穿越道路、广场位于道路一侧。

广场是供人们活动的区域，道路则是用来供人和车辆通行的区域。在广场设计中，一个关键问题是如何有效地连接道路交通，同时避免干扰交通，保证交通的流畅。

**（二）城市广场布局**

1. 广场与城市交通

（1）广场与城市道路的联系

可达性对于广场来说是非常重要的，它决定着广场的使用率。因此，应当考虑把广场与周围的步行系统合理联系构成完整的步行体系，保证广场交通上的便利性和易达性。对于交通关系复杂的地段，采用过街天桥或者地下通道的形式来连接可以有效减小机动车辆的影响。但是，这样的措施对于步行者来说会增加一些困难。

（2）广场内部的交通组织

广场内部的道路布局最主要的要求就是合理组织、疏散人流，保证行人活动路线的流畅。道路可以分为不同级别，主干道联系各个空间，各个空间内部采用次一级的道路，体现出良好的秩序和导向性。道路组织与轴线可建立一定的联系，强化方向感。同时，道路安排应当符合人的行为习惯，便于人们使用，如走捷径的行为特点。此外，停车问题也是设计中要考虑的。

2. 广场与城市景观

广场设计中应当有意识地把广场景观纳入城市整体景观的塑造中来，采用传统造园的借景方式可以很好地达到这样的效果，构图上采用轴线或者景观视线的连接是常用的手法。

3. 广场的空间划分

根据广场的功能划分广场空间是基本的设计思路。因此，设计开始的时候，需要了解广场使用者的情况，充分把握他们的心理需求、生活习惯、业余爱好、民风民俗等。根据这些来确定广场大致的活动内容、活动方式，划分相应的广场空间，进一步明确各个功能空间的性质、氛围，采用相应的设计元素和处理手法与之相呼应。空间划分注重空间类型的多元化，如私密和开敞、动与静、休息与活动等。

4. 广场空间的限定和渗透

各个广场空间可以通过各种空间限定手段进行有效的限定。采用的限定方式要与空间类型、空间性格密切结合。同时，广场与围合建筑之间、广场各个空间之间可以通过多种方式获得视觉上、行动上乃至表现内容上的广泛联系，从而增强广场的整体性。

5. 广场空间秩序的组织

在广场设计中，我们不能局限于孤立的广场空间，应对广场周围的空间做通盘考虑，以形成有机的空间序列，从而加强广场的作用与吸引力，并以此衬托与突出广场。

广场内部空间秩序的建立包括功能秩序和景观秩序两个方面。空间秩序是按照空间功能和性质来组织的，比如，外部的—半外部的—内部的，公共的—半公共的—私密的，嘈杂的—中间性的—安静的，开放的—半开放的—封闭的，等等。这种秩序可以是直线型的，也可以是向心式的。景观秩序主要指四维意义上的空间秩序，也是我们常说的空间序列，序列建立的方式主要靠轴线，通过各个空间内容以及形式上的组织形成如同文学作品中的序幕—发生—发展—高潮—尾声这样的连续环节。设计者可以采用连续动态的视景分析方法把自己置身于实地中考虑，从中感受空间的变化、收放、对比、延续、烘托等特征。

## （三）城市广场设计要点

1. 建筑及构筑物

建筑无论在平面和立面上都是围合、限定广场的重要元素，建筑类型、建筑风格、体量、尺度、细部处理、功能流线处理等都对广场有着至关重要的影响。在平面上，围绕一个广场的建筑应构成一个连续的表面，并为观察者呈现出风格统一的建筑立面，才能有助于广场建筑风格的形成；反之，建筑三维形体越大、建筑单体越独立、建筑风格越多样化，广场的完整性越差，其景观意象越难形成。

作为广场空间主体的建筑及构筑物，首先在构图上应对景观序列具有控制作用或均衡作用，成为景观主体，并且在建筑风格、体量、尺度及细部处理、材料选择等方面对广场景观设计产生重要影响。

广场上的构筑物或构筑小品，如花坛、廊架、座椅、街灯、时钟、垃圾桶、指示牌、雕塑等，为人们提供识别、依靠、洁净等物质功能，如处理得当，可起到画龙点睛和点题入境的作用。

2. 道路

道路与广场的关系决定了广场空间的开放度。广场的平面形态千变万化、因时而异，其基本形态有矩形、梯形、不规则形、圆形、椭圆形以及它们的各种组合。

其中，袋状空间广场界面完整，广场空间整合独立，易于进行景观处理；四角开敞的广场的缺陷是道路将广场与城市其他部分割裂开来，从而使广场变成一个"岛状"空间，割断了与周边建筑的空间渗透、人流流动，在这种情况下，基于广场景观的设计应利用建筑及构筑物手法，或通过地形处理，或是通过绿化水体、设施小品的设置，在完成造景目的的同时，对交通关系和结构进行合理化调整。

广场作为人活动的空间，应与道路既保持便捷的联系，又避免受到交通的干扰。在具体的设计中，应根据交通状况做出合理的布局。比如，日本横滨开港广场虽然位于十字交叉路口，却通过旋转使交通岛与广场各占一隅，活动区与交通区分离，形成独立领域。

3. 标高

绝大部分广场都与地面标高一致，但在现代城市广场设计中，为了节约用地、解决立体交通问题，并综合利用建筑地下空间等，广场场地设计常常采用立体化空间处理手法，即立体型广场，包括下沉广场、上升广场。立体型广场通过垂直交通系统将广场不同水平层面串联成一个变化丰富的整体空间，以上升、下沉和地面层相互穿插组合，配之以绿化、小品等，构成一个既有仰视又可俯览的垂直景观系统，提升了广场景观的层次性和趣味性。

4.地面铺装

地面不仅是人们活动的场所，还能起到定义空间、界定空间、提升识别性等作用。地面处理可以带来尺度感，通过图案将人、树、设施和建筑联系起来，从整体上创造美感，同时能让室内外空间实现相互交融。对于地面铺装的图案处理，我们可以将其分为以下几类：

（1）重复使用规范图案

选择一个标准图案，然后重复使用这个图案，在一些时候，这种办法可以达到一定的艺术效果。其中，最为简单的是对方格网式图案的运用，这种铺装设计在成本造价上较低，并且非常方便施工。但是，大规模使用看起来会非常单调，不利于营造具有层次性和多样性的铺装效果。基于此，我们可以在此基础上选取其他图案插入，或者用小的重复图案来构成较大的图案，呈现出具有丰富性的铺装图案。

（2）整体图案设计

从整体上对广场进行图案设计，整个广场的铺装设计为一个大的图案，有利于呈现非常好的艺术效果，让人眼前一亮，并且有利于对广场中的各个要素进行统一与协调，还能增强广场的空间感。

（3）广场边缘的铺装处理

广场与其他空间的交界处非常重要，在进行设计的时候，应该进行明确的空间区分，如人行道的交界处应明显区分，有利于建造完整的广场空间，人们也会基于此产生对广场图案的认同感；否则，因为边缘不清晰，人们在面对相邻的广场与道路的时候，会分不清楚哪里是道路，哪里是广场。

（4）多样化的广场铺装图案

广场的铺装设计应当具有多样性，以增加美感。然而，过度追求图案变化并非明智之举，会导致视觉混乱，使人感到疲倦，起到反作用，降低人们的注意力和兴趣。

除此之外，为了呈现出非常好的广场地面效果，我们在对广场进行设计的时候，应该对铺装材料进行合理的选择和科学的组合。在铺装材料的选择上，应该尽量运用当地材料，多使用透水材料，如透水砖、透水混凝土等，防止因暴雨天气导致广场出现大面积积水的情况。

5. 绿化和水体

广场主要是提供社会活动的场所，同时兼顾休闲娱乐功能。广场绿化宜采取多层次、立体化种植方法，如使用树阵、树列以及攀缘植物等，同时草坪面积要适度；广场绿化应具有装饰性，如各类造型别致的种植器、花钵可为广场增加艺术氛围，又不影响人们的使用。

水体可以处于停止不动或流动的状态。静止的水面可以反射物体，增强空间的深度感，尤其是夜晚照明下的反射，可以使空间显得更加开阔，呈现更加突出的空间效果。流水和喷水都属于活动的水，流水可以在视觉上让人保持空间上的连贯性和联系，还有能对空间进行划分；喷水增加了广场空间的视觉效果，使广场空间显得更加生动和活跃，广场空间的层次也实现增加。在设计广场空间的时候，水体有三种，具体如下：

第一，在广场的规划设计中，水体可以被当作主题，占据广场的大部分空间，其他设施则围绕水体而建。

第二，在一个有限的范围内，水体成为该空间区域的焦点，被置于局部空间的中心。

第三，用水体作为辅助手段，起到装饰或补充的效果，并通过其传达特定信息。

在设计之前，我们应该先考虑水体在整个广场空间环境中的作用和地位，确保最终效果符合预期。

6. 设施及小品

作为社会活动的场所，广场应为使用者提供充足、优质的休息、卫生、信息、交流等设施；作为文化展示和市民教化的场所，广场在保证各类设施实用性的同时，应赋予它们一定的艺术品质。另外，雕塑与环境小品也是广场装饰中必不可少的，它们是广场上极具表现力和装饰性的元素，而广场也为它们提供了合适的展示舞台。商业广场一般随着季节或者节庆的变化而改变装饰。

7. 色彩

色彩对展示城市广场独特氛围和环境特点具有突出作用。此外，其还在产生有利的空间效果方面具有重要作用。纪念性广场不宜采用过于鲜艳的色彩，以免影响广场的严肃气氛营造。在一些休息性、商业性广场上，我们可以选择一些温暖的色调或者热烈的颜色，可营造活泼、热闹的氛围，使广场具有更强的商业性。

使用恰当的色彩可以营造出和谐的空间，获得统一的效果。在广场空间中，为了实现整体上的协调，我们可以选择与周围建筑统一基调的色彩，也可以在地面铺装色彩的选择上与周围色调保持一致。

通过在不同层次的空间中使用不同的颜色调性，如在下沉区域选择深色调，在上升区域选择明亮和鲜艳的浅色调，可以增强广场空间的沉稳和轻快感，这种色彩处理方式非常有效。色彩可以使人产生远近感，明亮度高的颜色和暖色被称为膨胀色，似乎让颜色向前迫近，也称为近感色；反之，则为收缩色，仿佛在朝着远处褪去。因此，在设计中运用适当的色彩，能够增强人们对于广场的空间感受，高层建筑在蓝天的映衬下看起来更加雄伟，暖色调的墙面则营造出遥远的错觉。

在设计广场的色彩的时候，我们应该对广场中的多种色彩元素进行协调和搭配，保证色彩的协调统一，提高广场的艺术美感。我们应该避免广场上有太多不同的非主导色彩，只有如此，才能确保所有色彩都在统一的基调下保持协调。

## 五、城市广场植物规划设计

广场植物配置需要注意以下几个方面：

第一，植物配置方式符合广场空间的功能要求。

第二，在对植物进行布置的时候，要注重层次感，通过树木、灌木和草本植物的组合，打造具有丰富景观轮廓和连续立面感的效果。

第三，注重季相搭配，春色树和秋色树、常绿树和落叶树相结合可以带来丰富的植物景观变化，常绿树应当占大的比例。

第四，选用一定数量的观花植物有利于活跃气氛。

第五，布置有香味的植物品种可增强广场的吸引力。

第六，可充分利用植物的象征意义配合主题的表达。

第七，疏密有致，可通过植物配置调整空间形态和开合度。

第八，植物布置层次要分明，重点绿化与一般绿化相结合。

第九，植物配置要讲究主景配景的关系。

第十，植物配置与其他园林构成要素之间有机联系、合理搭配，共同构成优美的画面。

## 第三节　居住区景观设计

### 一、居住区景观的功能

#### （一）丰富生活

居住区绿地设有为老人、青少年和儿童活动的场地和设施，使居民能就近在绿地中游憩、活动、观赏及进行社会交往，有利于人们的身心健康。

#### （二）美化环境

花草树木对建筑、设施和场地起到衬托、显露或遮阴的作用，还可以用绿植组织空间、美化居住环境。

#### （三）改善小气候

绿化使相对湿度增加，进而降低夏季气温，还能降低大风的风速。在无风时，由于绿地比建筑地段的气温低，因而产生冷热空气环境，出现小气候微风，从而促进空气的流通。夏季可以利用绿化引导气流，增强居住区的通风效果。

#### （四）保护环境卫生

绿化能够净化空气，吸附尘埃和有害气体，阻挡噪声，有利于环境卫生。

## （五）避灾

在地震、战争时期能利用绿地隐蔽、疏散，起到防灾避难的作用。

## （六）保持坡地的稳定

在起伏的地形和河湖岸边，由于植物根系的作用，绿化能防止水土流失，维护坡岸和地形的稳定。

## 二、居住区景观设计原则

近年来，我国的居住区景观设计已经逐步走向成熟，有许多值得借鉴与参考的经验和方法。在进行居住区景观设计时，应从多方面入手，并结合居住区的具体特征。在设计的每一阶段将设计方法与原则贯穿其中，达到丰富居住区景观效果的目的。

### （一）景观设计与建筑设计有机结合的原则

当前大多数居住区设计的一般过程是：居住区详细规划—建筑设计—景观设计。设计的三个阶段往往相互脱离或者联系很少，设计常常表现为景观适应建筑，导致各景观元素零散地分布在建筑四周。好的设计方法应该是在提出景观的概念规划时就把握住景观的设计要点，包括对基地、自然状况的研究和利用，对空间关系的处理和发挥，以及与居住区整体风格的融合与协调等，甚至先规划好整体环境再用建筑去巧妙地分隔和围合空间，经过从建筑到景观再到建筑的多次反复，实现建筑与景观的和谐共生。

### （二）多方协调原则

首先，在居住区景观设计初期，景观设计师、建筑师、开发商要经常进行沟通和协调，使景观设计的风格融入居住区整体设计之中。景观设计应遵从开发商、建筑师、景观设计师三方互动的原则。其次，在景观具体的设计过程中，景观设计师还应该与结构工程师、水电工程师等各专业工程师配合，确定景观设计中的技术因素，保证景观效果。最后，在施工过程中，景观设计师还要与负责施工的园林绿化单位以及各供货商协调，保证景观建设工程的进度和实施效果。只有通过各方的通力合作，才能为居民创造出整体、和谐并能体现居住品质的居住环境。

（三）社会性原则

社会性原则本质上就是体现"以人为本"。景观设计既要满足人们对景观使用功能的需求，又应该考虑景观设计给人们带来的视觉及心理感受，并要体现景观资源的均好性，力争让所有的住户能均匀地享受优美的景观环境。同时，深化"以人为本"的设计理念。

着重强调人与景观之间的融合与统一，打造出亲子空间、亲地空间、亲水空间等。此外，我们还应该考虑特殊需求人群，强调无障碍和人性化设计，打造舒适和谐的住宅环境。

（四）经济性原则

在设计居住区的景观时，我们需要保证景观具备功能性和实用性，并且要务实，对成本进行控制。在规划设计阶段，我们需要考虑方案的可执行性以及建成后的维护成本。在制定方案时，应尽可能利用当地资源，减少运输成本和相应的人工费用。

（五）地域性原则

我国地域辽阔，不同的地域有着自己独特的地理条件、气候条件和文化习俗。在设计时，要立足于当地的自然条件、文化背景和生活习俗，因地制宜，在适应当地自然条件的基础上将地方文化融入其中，更好地展示地域文化特色带来的景观独特性。

（六）生态化原则

居住区景观设计的目的之一是改善和保护自然生态环境。在设计时，可运用景观生态学的原理，分析场地原有的自然资源，使设计后的人工景观与自然环境有机地结合起来，形成更为良好的生态格局；还应充分考虑生态环保材料的选择和可再生能源的利用，使居住区景观尽可能达到绿色环保的要求。同时，通过资源的循环再利用和能源的节约，可以实现降低成本的目的。另外，还要考虑景观的可持续性和管理、使用、更新的便捷性。

### 三、居住区景观设计的一般步骤

居住区景观设计一般分为七个阶段，即设计任务书阶段、调研及分析阶段、概念设计阶段、初步设计阶段、施工图设计阶段、施工配合阶段和回访总结阶段。

#### （一）设计任务书阶段

设计任务书是设计的主要依据，主要由甲方提供，要详细地列出甲方对建设项目各方面的要求。

设计任务书一般包括项目的要求，如建设条件（含必要的基础资料，如地形、地质、水源、植被和气象资料）、基地面积、建设投资、设计与建设进度等。在设计前必须充分掌握设计的目标、内容和要求，要重视对设计任务书的阅读和理解，熟悉当地的历史文脉、社会习俗、地理环境特点、技术条件和经济水平，了解项目的投资状况，以便正确开展设计工作。

#### （二）调研及分析阶段

熟悉设计任务书后，设计人员要取得现场资料和各分析资料，这要求设计人员对现场进行认真而充分的踏勘和调研。

现场踏勘应以基地为主要调查对象，可通过图片的拍摄和草图的勾画对基地及其周边进行详尽的现场资料收集和整理。需要收集和整理的资料包括现状、周边建设条件、地形地貌、植被情况、历史条件等。

在完成调研的基础上，要对所收集的资料进行分析，客观评价基地的优劣势，扬长避短，开发出地块的最大潜能。分析时可结合图纸或图表，将地块的问题或数据进行比较和权衡，以便做出更加合理的设计。

### (三)概念设计阶段

概念设计又分为两个阶段,第一阶段主要是在调研分析的基础上,根据设计任务书,将居住区自身的条件和业主的想法相结合,以较为简单直观的图解方式表明各功能及空间的围合关系。同时,提出设计立意,将景观设计的主要意图配以简要的文字加以阐述,重点景观节点可用部分手绘示意。

概念设计的第二阶段,即对方案进行修改完善。通过与业主和建筑师的反复沟通和交流,形成较为成熟的景观概念设计。这一阶段应明确各功能空间、道路广场以及中心景区的设计,局部平面可放大细化,效果图应突出要表达的主体。

概念设计阶段所需设计图纸包括:区位图,场地现状分析图,总平面图,空间节点分析图,景观功能分析图,道路结构分析图,景观视线分析图,植物规划设计图,主要场地剖面图,主要场地立面设计,主要建(构)筑物设计图(包括平、立、剖面图),水、电设计图,设计说明书。

### (四)初步设计阶段

初步设计阶段也称为技术设计阶段。在概念方案完成并获得业主书面认可的基础上,设计师根据业主提供的初步设计的必要资料进行初步设计。

初步设计应尽可能遵循原方案拟订的基本原则,在与原方案保持基本一致的基础上,允许有一定的改动。这一阶段景观设计师需要与建筑、结构和水电工程师协调,以确定植物种植及覆土范围、覆土厚度、结构构件的承载力、地下管线和设施的位置及水电用量等。初步设计阶段文件包括:设计说明、设计图纸和工程概算书。

设计说明的内容包括:设计依据及基础资料、场地概述及各专业设计的具体说明、经济技术指标、主要设备表和在设计审批时需解决或确定的主要问题。

设计图纸包括以下几点:

(1)总平面图(常用比例1∶300~1∶1000)

①标注种植范围、自然水系、人工水系、水景、广场铺装。

②标注功能区或景点名称。

③以粗线标示园林景观建（构）筑物（如亭、廊、榭等）的外轮廓，并且标注尺寸、名称。

④小品均须标示位置、形状。

⑤标注场地大体尺寸、主要控制坐标和重要的场地、道路标高。

⑥根据工程情况表示园林景观无障碍设计。

（2）竖向设计（常用比例1：300～1：1000）

①表示与场地景观设计相关的建筑物室内设计标高（相当于绝对标高值）、建筑物室外地坪标高。

②道路中心线交叉点原始标高、设计标高、道路坡度、坡向、坡长。

③自然水系最高水位、常年水位、最低水位标高，人工水景控制标高。

④主要场地的设计标高，场地地面的排水方向。

⑤根据工程需要做场地设计地形剖面图，并标明剖线位置。

⑥根据工程需要做景观设计土方量计算。

（3）种植平面图（常用比例1：300～1：1000）

①分别以图例的方式表示不同的植物种类，如乔木（常绿，落叶）、灌木（常绿，落叶）及草本花卉等。重点标示乔木、灌木的名称和种植位置，草本花卉的名称和种植范围。

②如有屋顶花园，需要用图纸标示其种植平面图。

③植物配置表，标明名称（中文名、拉丁名）、种类、胸径、冠幅、树高。

（4）水景设计图（常用比例1：10、1：20 1：50、1：100）

①主要标示人工水体剖面图。

②标示各类驳岸形式；各类水池（如喷水池，戏水池、种植池、养鱼池等）平面图、立面图和剖面图。

③标示位置、形状、尺寸、面积、高度、水深及池壁、池底构造、材料方案等。

（5）铺装设计图（常用比例1：10、1：20、1：50、1：100）

重点标示铺装形状、尺寸、材料、色彩。

（6）园林景观建筑、小品设计图（常用比例1∶10、1∶20、1∶50、1∶100）

如亭、廊、桥、门、墙、树池、标志、座椅等，包括平面图、立面图和剖面图，重点标示建筑及小品的形状、尺寸、高度、构造示意及材料等，同时标出建筑及小品的照明位置。

（7）景观配套设施初步选型表

根据甲方需要，可初步列表标示包括座椅、垃圾桶、花钵、儿童游戏及健身器材等在内的配套设施，说明安放的位置及数量等，可配以图片示意。

（8）给水排水图（常用比例1∶500～1∶1000）

给水、雨水管道平面位置。标注干管的管径、水流方向、阀门井、水表井、检查井和其他给水排水构筑物的位置；场地内的给水、排水管道与建筑场地及城市管道系统连接点的控制标高和位置。局部平面图（比例可视需要而定），如游泳池、水景等平面布置图。绘制水景的原理图，标注干管的管径、设备位置的标高。

（9）电气图（常用比例1∶500～1∶1000）

标示出建（构）筑物名称、容量、供电线路走向、回路编号、导线及电缆型号规格、架空线、路灯、庭院灯的杆位。

最后根据初步设计方案给出景观工程概算书，指导业主用以建设时的资金分配与控制。

（五）施工图设计阶段

这一阶段首先需要由甲方（业主方）提供景观施工设计的必要资料，如建筑、给水排水、电气、电信和燃气专业的总平面图，建筑架空层和一层平面、地下室平剖面图和地下室顶板结构图。景观设计师除了需要与结构工程师、给水排水工程师等协调专业问题，还需要负责与施工的园林公司和各供货商协调所选植物或灯具、室外设施的种类和规格。在做施工图设计前，还要结合施工现场和实际地形对图纸进行校对、修正和补充。施工图设计阶段内容包括，施工图设计说明、必要的设备、材料、苗木表、工程预算书和设计图纸。

施工图设计说明包括设计依据、工程概况、材料说明、防水和防潮做法的说明、种植设计说明、配合各类施工图进行的必要的文字说明等。设计图纸包括以下 11 个方面：

①总平面图（1∶300～1∶1000）。

②竖向布置图（1∶300～1∶1000）。

③种植平面图（1∶300～1∶1000）。

④平面分区图（1∶300～1∶1000）。

⑤各分区放大平面图（1∶100～1∶200）。

⑥设计详图（1∶10～1∶100）。

⑦景观标示系统设计图（选）。

⑧景观配套设施选型表（选）。

⑨给水排水专业图。

⑩电气燃气专业图。

⑪景观工程设计概算书。

### （六）施工配合阶段

在施工配合阶段，设计和施工要紧密合作，如发现有图纸和现场不符，需要调整变动时，应注意图纸内容的变更既应遵循既定的基本原则，又要以现场客观条件为主，从施工现场的实际情况出发，及时反馈，更正图纸，保证图纸变更与施工进度同步。在工程完成后，施工单位还要配合各专业设计师完成竣工图。

设计从理论转变为现实，就是施工的过程，是实现景观效果最后也是最重要的一个过程。这一过程需要设计师与甲方，如园林施工单位和供货商等多交流、多沟通，把设计意图充分落实到位，以便实际营造的景观更加富有生机。

### （七）回访总结阶段

在实践中应重视回访总结这一阶段。所有的设计只有通过竣工后交付使用才能反映出设计的问题，设计人员应及时对已经竣工的项目进行回访总结，获得第一手资料，以便及时地发现和解决问题，总结报告的形成对设计和施工的改进有很大好处。

## 四、居住区各类型景观场所设计要点

### （一）健身运动场设计要点

当前人们的生活节奏越来越快，并且有着越来越大的社会压力，在这样的背景下，人们非常容易感到身心疲惫，健身成为当前人们缓解压力的良好方式。健身运动能让人放松心情，是一种健康且积极的生活方式。

常见的健身运动场有户外乒乓球场、羽毛球场、网球场、排球场、篮球场、小型足球场、门球场等。设计时应注意以下要点：

第一，健身设施应该分散设置在居住区的不同地方，同时要保障健身者的安全，场地内禁止汽车和自行车通行。

第二，应与住宅建筑保持一定的距离。健身运动场地最好选择在居住区的边缘位置，这是为了避免附近居民受到居民活动产生的噪声影响。此外，健身运动场地还应该更好地覆盖居民的需求范围，为更多的居民服务。

第三，健身场地应该选择一个平坦、开阔的场地，并确保视野开阔通透，尽量避免地形起伏大的地方。对于运动中可能出现的危险，地势平坦的场地可以将概率降低。

第四，场地应尽量满足日照条件好、空气流通的要求。

第五，场地应尽量选择平整、防滑的运动铺装材料，同时应满足易清洗、耐磨的要求。

第六，场地周围要考虑一定的休息区，并满足人流集散的要求。休息区要考虑遮阴和休息座椅。同时，在不干扰居民休息的情况下，保证夜间适宜的灯光照度。

第七，植物配置上，应注意常绿树与落叶树的搭配，以保持运动空间的绿化效果。另外，乔木、灌木、草坪和花卉合理搭配，一方面，有遮阴及美化空间景观的作用；另一方面，有良好的隔声效果。

第八，在植物的选择上，避免选用有刺激性、有异味或易引起过敏性反应的植物（如漆树），有毒植物（如夹竹桃），有刺植物（如枸骨、刺槐、蔷薇等），飞絮过多的植物（如杨树、梧桐等）。

第九，在服务设施方面，健身运动场要考虑休息空间的设施设置，如果皮箱和饮水器等。

第十，在安全设施方面，在足球场、篮球场、网球场、排球场的外围应设置安全围栏，起到安全防护的作用。安全围栏四周可用攀缘植物加以装饰，以弱化围栏的生硬感。

**（二）儿童活动场所设计要点**

儿童活动场所是居住区规划的重要组成部分，设计时要从居住区儿童户外游憩空间的相关规定、儿童行为心理、游憩空间的特点和类型以及周围环境等方面综合考虑。

为12岁以下儿童设计的游乐场所旨在集健康锻炼、智力发展和娱乐为一体。在儿童游乐场地，一般有秋千、滑梯、攀登架、跷跷板、沙坑、戏水池等设施。

研究显示，约有1/3的居民区居住人口是儿童，他们通常频繁在户外活动。儿童活动场所设计要点为：

第一，场地应是开敞式的，拥有充足的阳光和日照，并能避开强风的侵袭。

第二，儿童游乐场地应该远离主要交通道路，在内部禁止机动车辆通行，避免危及儿童安全，这样也可以减少废气及噪声对儿童健康的负面影响。

第三，场地应与居民楼保持10米及以上的距离，以免噪声影响住户。

第四，儿童游乐场地应该尽可能接近老年活动场地等其他活动场所，方便成人对儿童进行看护，并且保证儿童游玩安全。

第五，在儿童游憩空间中，部分可以实现局部的围合，这样即使天气不好，儿童也可以继续活动。

第六，在儿童游乐场地内应该实现非常自然的道路设计，可以选择一些非常活泼和具有变化的线形道路。

第七，地面铺装的色彩和材质宜多样化。

第八，不应种植遮挡视线的树木，应保持良好的视觉通达性，便于成人监护。

第九，在植物的选择上，可选择叶、花、果形状奇特且色彩鲜艳的树木，以满足儿童的好奇心，便于儿童记忆和辨认。但忌用有刺激性、有异味或易引起过敏性反应的植物，有毒植物和有刺的植物。

第十，儿童游乐场地以及周围的环境应该保证安全，应当对道路、铺地、水体、山石小品等进行安全检查，以便儿童游玩。若活动可能存在危险情况，应当提前告知成年人，并提醒成年人对儿童进行保护和陪同。

### （三）老年人活动场所设计要点

当前我国老年人的数量在不断增多，人口老龄化趋势非常明显，尤其是近些年，人们越来越关注老年群体，在居住区建设的过程中，越来越重视老年人相关活动设施的建设，但就目前我国老年人口数量以及老年人对活动场所需求日益增加的实际情况来看，二者还是不相称。

由于缺乏对当今社会老年人居住、休憩行为及心理的认知和研究，很多城市的居住区在规划公共活动空间和景观设计时，未能充分考虑老年人的需求，导致老年人在户外活动时常常遇到困难。因此，在进行景观设计时，应将老年人的利益与全体居民受益紧密联系在一起，将"凡有益于老年人者，必全民受益"作为居住区规划的原则之一，创造出舒适健康的居住环境，以此满足老年人的需求。居住区老年人活动场地设计要点有：

第一，老年人更倾向于静谧、隐私的休息环境和空间。在选择场地的时候，我们最好选择一个安全感强、空间私密性较强的区域。

第二，场地的交通应便捷安全，在场地内不允许有机动车和非机动车穿越，以保证老年人的出行安全。

第三，在地面材质的选择方面，为老年人设计的场地应多采用软质材料，少用水泥等硬质材料。我们应该选择防滑、无反光的地面材质，这样可以保证安全，并且可以将易于识别的颜色运用到需要变化的地方。地面应该保持平整，确保拥有完善的排水系统，防止老年人在下雨天因积水滑倒。

第四，在服务设施方面，活动区内要适当多安置一些座椅和凉亭。座椅最好使用木质的，符合老年人腰腿怕寒的特点。

第五，在植物配置方面，主要栽植有特色的乡土树种，适当选择适宜当地气候的外来树种；为了避免植物造成阻挡，最好不要选择有刺或根茎容易露出地面的植物，如紫叶小檗、火棘、刺槐等。老年人喜欢绿色植物，喜欢植物生机勃勃的景象，因此更喜欢选择易于维护、不易受害、无毒的优质常绿树种；老年人多喜爱颜色鲜艳的花卉，如一串红，景观设计时可选用一些芳香型植物。

### （四）休闲广场设计要点

居住区的休闲广场是居住者交流、休闲和娱乐的重要场所，是居住区最有活力、最具标志性的地方，是居住区外部景观空间的重要组成元素，也是衡量居住区环境品质的标准。

休闲广场作为居民的主要活动区域，不仅承载着休闲娱乐活动的功能，也是居住区重要的文化传播场所。在空间营造上，应具有较强的可达性和交流性，并维持良好的生态性。

## 第四节　公园景观设计

### 一、公园景观的功能

通常情况下，公园是由政府建造和管理的自然景观区域，是开放的、自然化的空间。一方面，公园可以让公众开展各种活动，如锻炼、游览、休憩、观赏、开展科学文化活动等；另一方面，公园还是有着公共设施以及绿化环境的公共绿地。具体来说，公园景观有着以下几个功能：

### （一）休闲游憩功能

城市公园是居民主要的休闲游憩场所，是重要的城市居民起居空间。通过提供广阔的户外空间和完备的设施，公园可以为城市居民提供更多的进行户外活动的场所和空间，凸显了城市公园所具有的满足居民休闲游憩活动需求这一最直接和最主要的功能。

### （二）维持生态平衡的功能

绿化可以维持城市的生态平衡，植物的光合作用可以吸收二氧化碳并产生氧气。城市公园有大片绿地，绿地可以净化空气，减少辐射，防止水土流失，还能在小范围内调节气候，实现降温和防风、防尘，有效减轻城市的热岛效应，可见绿地具有非常重要的生态作用。城市公园在提高环境质量、维护城市生态平衡等方面扮演着关键角色，被视为城市的"绿肺"。

### （三）促进地方社会经济发展的功能

随着工业化进程的不断加快，城市环境逐渐恶化，在这样的背景下，城市公园这一城市中的主要绿色空间对环境保护和促进经济发展的作用凸显。城市公园促进地方经济发展的作用主要体现在其可以使公园周围的不动产升值，有利于招商引资，以此促进城市的经济发展。

### （四）美化城市景观的功能

在城市的所有场所中，城市公园是最有自然特性的，常常有湖泊、池塘和大片绿地，道路、建筑等灰色硬质景观与城市公园这一绿色软质景观形成了强烈的反差。在对城市景观进行美化的过程中，城市公园扮演着重要角色。

### （五）防灾、减灾的功能

在城市公园中，其公共开放空间非常大，这里可以让居民锻炼，也是人群聚集的重要场所。此外，城市公园还在城市防火、城市防灾、城市避难等方面发挥着重要作用。如果发生地震，城市公园可以作为临时性避难场所；如果发生火灾，可以作为临时隔火带。对于占地面积较大的公园，在出现灾害的时候，可以成为直升机救援的降落场地，也可以成为救灾人员的安置地和救灾物资的分发地，还可以当作临时医院，成为临时堆放倒塌建筑物的场所，成为灾民的临时住所。

## 二、公园景观设计原则

在对公园进行规划和设计的时候，应该遵循一定的艺术原则，在科学技术的指导下进行。公园应该满足人们游憩、观赏的需求，具备环境保护功能。针对公园建设中的全局性问题，可以通过规划进行研究和解决，其中会涉及公园性质、公园功能、公园规模、空间布局、建设步骤、与城市设施之间的关系等问题。规划是设计的基础，将公园整体和局部的设想进行具体反映的手段就是图纸、说明书等。

### （一）遵守相关规范原则

贯彻国家在园林绿地建设方面的方针政策，遵守相关规范标准，如国务院颁布的《城市绿化条例》、行业标准《公园设计规范》及相关文件。

### （二）人性化原则

充分考虑到人们对公园的使用要求，丰富公园的活动内容及空间类型。

### （三）传承特色原则

继承和革新我国造园艺术与技术，广泛吸收国外先进经验，使公园与当地历史文化及自然特征相结合，体现地方特点和风格，创造有特色的地域性园林景观。

### （四）因地制宜原则

充分利用公园现状及自然地形，有机组织公园各个构成部分，使不同功能区域各得其所。

## 三、公园规划设计的一般程序

### （一）任务书阶段

在这一阶段需要对设计委托方对于公园设计的各个方面内容进行明确，如设计要求、造价、时间期限等。

### （二）基地调查和分析阶段

第一，对公园的性质进行明确，对城市规划与公园之间的关系进行明确，同时应该对公园与绿地系统规划之间的关系有所掌握。

第二，在对公园周围城市的用地性质了解的基础上，对公园应该具备的分区、内容以及公园未来的发展进行分析和研究。

第三，对公园周围的名胜古迹进行了解，挖掘人文资源，在此基础上对公园蕴含的人文特色进行研究和分析。

第四，对公园周围的形态、建筑形式、色彩以及建筑肌理等方面有所了解，以此对公园的形态、风格进行明确。

第五，对城市的交通状况进行调查和研究，对人流的集散方向进行分析，对车行组织特点进行研究。

第六，对公园用地内外的视线特点有所了解和明确，有效地组织和利用。

第七，调查公园所在区域的水源、电源以及排水、排污等情况，摸查周围是否存在污染源，实现公园基础设施与城市原有基础设施的有效衔接。

第八，对公园用地的各方面基本资料，如地形、气象、水文、地质等进行了解，实现对地形、地势的有效利用。

（9）对区域内的植物情况有所了解，对植被的地域性特色有所了解和掌握。

### （三）编制总体设计任务文件

对公园设计的指导思想、目标、原则等进行制定，根据掌握的情况对公园设计的要求与说明进行编制。具体来说，有以下几方面内容：

第一，公园设计的指导思想、公园设计的目标、公园设计的原则。

第二，明确城市规划、绿地系统与公园之间的关系，以此对公园的内容和性质进行明确。

第三，明确公园总体设计的艺术风格与特色。

第四，利用地形地貌设计公园，以此对公园整体的山水骨架进行确定。

第五，对公园将来的游人容量进行明确。

第六，对公园分期建设的程序进行明确。

第七，计算公园建设的投资。

**（四）总体方案设计阶段**

1. 主要设计图纸内容

（1）区位图

在图纸中标明公园在城市中所处的位置，对公园与周边的关系进行明确显示。

（2）综合现状图

通过照片和实地勘测等真实材料，在综合考虑的基础上对现状进行评述。

（3）现状分析图

用图表来说明基地调查和分析阶段的结果。

（4）结构分区图

对公园的内容和功能分区进行明确，主要依据是公园总体的设计指导思想、设计目标以及原则、现状。对公园进行不同的空间区域划分，以此满足不同群体的功能需求。在该图纸中可以用抽象图形来表示，具有示意说明的含义。

（5）总体设计方案平面图

在该图纸中应该明确公园主要出入口、次要出入口、专用出入口的位置、布局以及面积；明确公园的地形地势和水体情况；明确道路网络和铺设地面情况；明确园内建筑和其他结构的布置情况；明确整个园区内的各种植物以及专门设计的园林景观情况。

（6）竖向控制图

在该图纸中需要标明：每个入口和出口的内地面和外地面的高程；公园内主

要景物的高程、室外地坪高程、建筑的底层；日常水位、最高水位、最低水位、山顶高程、驳岸顶部高程；公园内道路的主要转折点、道路的交叉点以及坡度变化、高程；地下工程管线和地下构筑物的埋藏深度。

（7）道路总体设计图

需要明确指出：公园的出入口及主要广场；主路、支路和小路等具体位置、排水纵坡、路面的宽度；最开始确定的主要道路的路面材料和铺装方式。

（8）种植总体设计图

园内各种植物类型的安排情况，如草坪、疏林、花坛、园路树、湖岸树等。同时，确定整个园区的主要树种和重要景观树种，包含常绿和落叶的大型树木、灌木、草本植物等。

（9）园林建筑方案图

各类展览性、娱乐性、服务性、游览性园林建筑的方案图。

（10）管线总体设计图

供水管网的分布以及雨水、污水的水量、排放方式、管网分布等。

此外，还有全园的鸟瞰图、局部效果图等。

2. 主要文字文件内容

（1）总体设计说明书

内容包括位置、面积、现状、现状分析，设计的目标、指导思想和原则，功能分区、设计的主要内容及游人容量，管线、电信规划说明，分期实施计划，主要经济技术指标。

（2）工程概算

根据设计内容、工程复杂程度，结合常规经验匡算，或按工程项目、工程量分项估算再汇总。

## （五）技术设计阶段

1. 平面图

第一，根据公园地形或功能分区进行设计，需标明园路、广场、建筑、水池、湖面、驳岸、树林、草地、灌木丛、花坛、花卉、山石、雕塑等所有细节的平面位置及标高，图纸比例≥1∶500。

第二，它们之间的关系应依据测量图基桩，用坐标网来确定。

第三，主要工程应注明工程序号。

2.地形设计

第一，确定山地的形体、制高点、山峰、山脉、山脊走向、丘陵起伏、缓坡、微地形的造型。同时，地形要表示出湖、池、潭、港、湾、涧、溪、滩、沟以及堤、岛等水体造型。此外，要标明入水口、出水口的位置等；要确定主要园林建筑所在地的地坪及桥面、广场、道路变坡点的高程；还必须注明公园与市政设施、马路、人行道以及公园邻近单位的地坪高程，以便确定公园与四周环境的排水关系。

第二，横纵剖面图：在重要地段或艺术布局最重要的方向做出断面图，一般比例尺为1∶200～1∶500。

3.分区种植设计图

能较准确地反映乔木地种植点、栽植数量、树种，主要包括密林、疏林、树群、树丛、园路树、湖岸树的位置。其他种植类型，如花坛、花境、水生植物、灌木丛、草坪等的种植设计图，图纸比例≥1∶500。

4.园林建筑设计图

能准确反映建筑初步设计深度。

5.管线设计图

上水（生活、消防、绿化、市政用水）、下水（雨水、污水）、暖气、煤气、电力、电信等管网的位置、规格、埋深等。

**（六）施工图设计阶段**

1.施工总平面图

第一，放线坐标网、基点、基线的位置，标明各种设计因素的平面关系和它们的准确位置。

第二，设计的地形等高线、高程数字、山石和水体、园林建筑和构筑物的位置、道路广场、园灯、园椅、果皮箱等。

第三，做出工程序号、剖断线等。

2. 竖向设计图（高程图）

（1）竖向设计平面图

竖向设计平面图要表示出现状等高线、设计等高线、高程；涉及溪流河湖岸线，要标明水体的平面位置、水体形状河底线及高程、排水方向，各区园林建筑、休息广场的位置及高程；标明挖方填方范围、填挖工程量等；标明各区的排水方向、雨水汇集点以及建筑、广场的具体高程等。

（2）竖向剖面图

剖面表示山形、丘陵、谷地的坡势轮廓线及高度；表示水体平面及高程变化，注明水体的驳岸、池底、山石、汀步及岸边的处理关系；所有剖面的剖切位置、编号。

3. 道路广场设计图

（1）平面图

表示各种道路广场、台阶山路的位置、尺寸、高程、纵横坡度、排水方向；在转弯处，主要道路注明平曲线半径；路面结构、路牙的安排，以及道路广场的交接、交叉口组织，不同等级道路的连接、铺装大样、回车道、停车场等。

（2）剖面图

表示纵曲线设计要素，路面的尺寸及具体材料的构造。

4. 种植设计图（植物配置图）

（1）种植设计平面图

乔、灌木和地被的具体位置、种类、规格、数量、种植方式和种植距离。

（2）大样图

对于重点树群、树丛、林缘、绿地、花坛、花卉及专类园等，可附种植大样图，将群植和丛植的各种树木位置画准，注明种类、数量，画出坐标网，注明树木间距，并做出立面图，以便施工时参考。

5. 水景工程设计图

表示水景工程的进水口、溢水口、泄水口大样图。

池底、池岸、泵房等的工程做法，水池循环管道平面图。

6. 园林建筑设计图

要求达到建筑施工图设计深度。

7. 管线设计图

（1）平面图

上、下水管线的具体位置、坐标，并注明每段管的长度、管径、高程以及如何接头等；园林用电设备、电信设备等的位置及走向等。

（2）剖面图

画出各号检查井，注明井内管线及阀门等交接情况。

8. 工程预算

预算包括直接费用和间接费用。直接费用包括人工、材料、机械、运输等费用；间接费用按照直接费用的百分比计算，包括设计费和管理费。

9. 施工设计说明书

说明书应写明设计的依据、设计对象的地理位置及自然条件，公园设计的内容、要点，各种园林工程的论证、叙述，公园建成后的效果分析等。

## 四、不同类型公园景观设计要点

### （一）综合性公园景观设计要点

综合性公园是指在市、区范围内供城市居民休息、游览、文化娱乐，以综合性功能为主，有一定用地规模的绿地，如北京的北海公园。根据服务半径的不同，综合公园可分为全市性公园和区域性公园。大城市一般设置几个全市性服务的市级公园，每个区可有一至数个区级公园。市级公园面积一般在 10 公顷（1 公顷≈0.01 平方千米）以上，居民乘车 30 分钟可达。区级公园面积可在 10 公顷以下，步行15分钟可达（服务半径一般为1000~1500米），居民可进行半天以上的活动。综合性公园的内容、设施较为完备，规模较大，质量较好，园内一般有较明确的功能分区，如文化娱乐区、体育活动区、儿童游戏区、安静休息区、动植物展览区、园务管理区等。

综合性公园要求有风景优美、植物种类丰富的自然环境，因此选择用地要符合卫生条件，空气流通，不滞留潮湿阴冷的空气。用地土壤条件应适应园林植物正常生长的要求，以节约管理、土地整理、改良土壤的费用。但在城市用地紧张的情况下，在城市总体规划中，一般是把不宜修建建筑地段、沙荒划作公园用地，在这种情况下，也应因地制宜，尽可能经过改造之后建成公园。另外，还应尽量利用城市原有的河湖、水系等条件。综合性公园景观设计要点主要包括以下几点：

1. 出入口设计要点

第一，根据城市规划和公园内部分区布局要求，确定游人主、次和专用出入口的位置。

第二，根据城市交通、游人走向和流量，设置出、入口内外集散广场、停车场、自行车存放处等，并应确定其规模。

第三，可依据公园不同的管理方式设置相应的附属建筑设施，如园门、售票处、围墙等。

2. 竖向设计要点

第一，利用原有地形、地貌，因势利导地进行改造，尽量减少土方量。

第二，地形改造还应该结合分区的功能要求。

第三，巧于因借，创造美丽的风景。

第四，满足排水等工程上的要求。

第五，为不同生态条件要求的植物创造各种适宜的地形条件。

3. 道路广场设计要点

园路系统设计应根据公园的规模、各分区的活动内容、游人容量和管理需要，确定园路的路线、分类分级与园桥、铺装场地的位置和特色要求。

（1）组织交通

园路要做到等级分明、布局合理、线型通畅、便于集散。园路的路网密度宜为200～380米/平方公顷。

（2）引导游览

园路对游人游览要起到引导和暗示的作用，创造连续展示园林景观的空间或欣赏前方景物的透视线，同时要注意园路的可识别性和方向性。

（3）划分景区

主路和支路常可划分为功能区或景区，同时起到景区间联结和过渡的作用。

（4）自成景观

园路及铺装场地应根据不同的功能要求确定其结构和饰面。面层材料应与公园风格相协调，形成景观。

（5）创造特色

铺装场地应根据集散、活动、演出、赏景、休憩等使用功能，同时结合基地自身的自然、人文要素，做出不同的设计并形成特色。

4. 园林建筑设计要点

提供一定的室内空间满足公园功能和造景的需要，是一切园内园林建筑的设计依据。

（1）"观景"与"景观"

同时满足看与被看的要求，园内一切园林建筑应该既是观景点，也是景观点。

（2）景观与建筑的交融

建筑物的位置、朝向、高度、体量、空间组合、造型、材料及色彩应与地形、地貌、山石、水体、植物等其他造园要素统一协调。

（3）形式与功能的统一

园林建筑的使用功能应在其形式上有所反映，同时园林建筑在体量、空间组合、造型、材料及色彩的设计上要充分考虑建筑物功能活动的特殊需要。

5.植物规划设计要点

植物规划设计应以公园总体设计对植物组群类型及分布的要求为依据，同时满足下列条件：

第一，要满足改善环境、生态保护的要求。公园的绿化用地应全部用绿色植物覆盖，采取以植物群落为主，乔木、灌木和草坪地被植物相结合的多种植物配置形式。建筑物的墙体、构筑物可布置垂直绿化。

第二，要满足游园活动的各种功能要求。根据各分区不同的功能活动，做出不同的植物设计。

第三，要满足公园艺术布局的要求。考虑四季景观、特色植物、种植类型、植物搭配等因素。

第四，要从建园行程来考虑，依据分区和重要程度，做到植物规格大小结合、速生慢生结合、密植疏植结合。

## （二）儿童公园景观设计要点

1.分区要点

儿童公园是儿童青少年接近自然、学习自然和在以自然为主体的环境中开展有益于身心健康的各类活动的重要场所。根据公园基地的自然条件、儿童的年龄段、儿童公园的规模等，儿童公园可进行以下分区，即学龄前儿童区、小学生及青少年活动区。有一定规模的儿童公园还可以在青少年活动区下继续分为体育区、文娱区、游戏区和科学普及区等。规模不大的儿童公园如不能严格按功能分区，可以按年龄分成几个功能活动场地。比如，我国广东省的广州市儿童公园是一个集娱乐、游戏、教育为一体的综合性公园。公园内设有多个特色区域，如儿童戏水乐园、科普屋、感知乐园等，提供了丰富多样的娱乐和学习场所。公园还注重环境保护和生态教育，营造一个绿色、安全的游乐环境。

2.布局要点

第一，主出入口要有标识性，和城市交通干线直接联系，尤其和城市步行系统紧密联系。

第二，园内主要的广场和建筑应为全园的中心，按年龄段区分的各种场地应采用艺术方式，引起儿童的兴趣，使儿童易于记忆。

第三，学龄前儿童区应靠近主要出入口，而青少年使用的体育区、科普区等应距主要出入口较远。

第四，园内道路应明确便捷，不过分迂回。

第五，地形、地貌不宜过于起伏复杂，要注意分区内的视线通达。

3. 建筑及各种设施设计要点

建筑和设施的尺度要与儿童的人体尺度相适应，造型、色彩应符合儿童的心理特点。各种使用设施、游戏器械和设备应结构坚固、耐用，并避免构造上的硬棱角。

4. 植物设计要点

第一，不能选用有刺、有毒、有臭味以及引起皮肤过敏的植物种类。

第二，乔木宜选用高大荫浓的种类，夏季庇荫面积应大于活动场地范围的50%。

第三，活动范围内灌木宜选用萌发力强、直立生长的中高型种类，树木枝下净空应大于1.8米。

第四，植物种类应尽量丰富，以利于培养儿童对自然的兴趣。

### （三）主题公园景观设计要点

主题公园可以分为情景模拟、游乐、观光和风情体验等类型。其中，情景模拟型是对某种场景的塑造，具体如各种影视城的主题公园；游乐型的主题公园，提供了刺激的游乐设施和机动游戏；观光型的主题公园则浓缩了一些著名景观或特色景观，让游客在短暂的时间内欣赏最具特色的景观；风情体验型的主题公园则将不同的民族风俗和民族色彩展现在游客眼前。其设计要点主要有以下几点：

1. 布局要点

（1）主题景观序列

以设定的游览线将各景观元素或景观点串联起来，组成完整的景观序列，体现艺术气氛乃至艺术意境、文化内涵和时代气息。

（2）出入口

主要出入口有明显的标志和符号感，有相应和足够面积的内、外集散广场和停车场。

（3）竖向设计

根据表现主题的需要，对地形进行人工塑造，营造强烈的艺术效果。

（4）园路及游览

强调主环线道路，以展示设定的景观序列。选择步行、船行、机动车行和轨道车行等能提供最佳参与和体验主题的游览方式组织游览。

（5）景观元素

以人工景观元素为主，尽可能结合中国自然山水园林的设计手法，创造富有中国特色的主题公园景观。

2. 植物设计要点

第一，靠近主环路和主要景点的植物应体现主题场景，可以观叶、观花、观果或观赏植物姿态为依据选择树种，避免选择有刺、有毒、有臭味以及引起皮肤过敏的植物种类。

第二，远离主环路和主要景点的地区植物以背景效果和生态效益为依据，选择适应性强的乡土树种，并注意常绿树所占比例，保持背景景观的相对稳定。

### （四）纪念性园林景观设计要点

纪念性园林景观设计要具有某种独特风格，并营造出浓厚纪念气氛的绿色空间。

1. 分区要点

（1）入口区

入口区和主入口直接联系，有一定规模的内、外广场区，适应特殊纪念日的瞬时人流集散。

（2）纪念区

纪念区是纪念园林的主体部分，是某种纪念主题在空间上的集中体现。

（3）游憩区

游憩区是纪念园林的辅助部分，是游人进行自由休息、观赏等活动的空间。

（4）管理区

管理区是为全园提供后勤管理服务的功能区。

2. 布局要点

（1）出入口区

和城市主干道直接相连的纪念园林，应有相应的人流集散、小型集会的场地。平面通常为规则构图，体现庄严、肃穆的气氛。

（2）纪念区

通常直接和出入口区有直接的路径和视觉联系，采用规则构图沿轴线展开景观序列，渐次增强地营造某种纪念主题的氛围。

（3）游憩区

结合自然地形、地貌，通常采用自然风景构图，做到将景色、活动和环境相结合。

（4）管理区

尽可能远离公园主轴线，控制功能区的面积和建筑体量，尽量隐蔽并有单独的对外联系的出入口。

（5）竖向设计

可采用台地或主景升高等造园手法配合营造纪念气氛，亦可利用基地原有的山水格局适当改造后形成的空间虚实、开合变化来配合组织纪念主题景观序列。

（6）园路

在出入口规则式道路和轴线重合或平行，在其他区则采用自然式道路，串联景点和满足交通功能的需要。

3. 建筑设计要点

应符合纪念园林的内容、规模和特色，立面构图尽量采用简洁的体量和虚实对比，和其他造园要素融为一体，增强全园的雕塑感和纪念感。

4. 植物设计要点

第一，入口内广场和纪念区周围多用规则栽植，以常绿树为主，不强调季相变化，配合其他园林要素，营造某种纪念气氛。

第二，游憩区的植物应在和纪念区的骨干树种相呼应的同时，选择乡土观赏树种，注意色彩搭配、季相变化、层次变化。

### （五）植物园景观设计要点

植物园景观设计要能体现植物的科学研究、科学教育和科学生产的三者关系，在空间布局上将科学内容和造园艺术相结合。植物园的类型包括：属于科学院领导，以科学研究为主、科学教育与生产结合的正规植物园；属于地方领导，科学研究、科学教育、文化娱乐并重的综合性正规植物园；大专学校或文教系统以进行科学研究和教育的附属植物园；产业部门以解决当地有关专业生产问题为主要任务的植物园。

1. 分区要点

（1）展览区

世界各国的植物园展览区，归纳起来，有以下类型：

①按照植物进化原则和分类系统来布置的展览区。

②按照植物的生态习性与植被类型布置的展览区。

③依据植物地理分布和植物区系的原则布置的展览区。

④根据植物的经济用途和人类改造植物的原则布置的展览区。

⑤观赏植物与造园艺术相结合的展览区。

⑥树木园展览区。

⑦物种自然保护展览区。

（2）科研及苗圃区

通常有以下组成部分：

①科研实验区。

②引种驯化区。

③示范生产区。

④苗圃区。

2. 布局要点

（1）出入口

面积较大的植物园，需要较多出入口。其主要进出口应与城市的交通干线直接联系，从市中心有方便的交通工具可以直达植物园。有一定面积的内、外集散广场和停车场。

（2）展览区

展览区应在入口附近。靠近入口的区域适宜布置科普意义大、艺术价值高、趣味性强的内容，形成植物园的活动中心和构图重心，如植物展览馆、展览大温室、花卉展览馆等和面积不大的展区。离入口较远的区域适宜布置专业性强、面积大的展区。

（3）科研及苗圃区

科研及苗圃区可以远离主入口，但应和展览区的主要部分有较好的交通联系，区内土壤、排水条件好，有单独的出入口。

（4）竖向设计

在选址的基础上配合适当的地形改造，形成不同的小气候，创造多种环境适应不同植物种类的生存。

（5）园路

园路系统等级明确，充分满足交通和导游功能。展览区路网密度应明显高于科研区及苗圃区。

3. 建筑设计要点

可结合广场形成建筑群成为全园的构图中心，亦可分散和环境结合形成景点。建筑风格宜现代、轻快，体现科技含量。

### 4. 植物设计要点

第一，物种。广泛收集植物种类，特别是收集那些对科普、科研具有重要价值和在城市绿化、美化功能等方面有特殊意义的植物种类。

第二，植物园展览区的种植设计应将各类植物展览区的主题内容和植物引种驯化成果、科普教育、园林艺术相结合。

第三，种植形式及类型。基本上采用自然式，有密林、疏林、树群、树丛、孤植树、草地花丛、花镜等。

第四，配植方式。不同科、属间的树种，由于形态差别大、易于区别，可以混交构成群落；同属不同种的植物，由于形态区别不大，不宜混交；同一树种种植密度应有变化，便于观察不同的生长状况。

### （六）动物园景观设计要点

动物园是以自然保护、公共教育、科学研究和娱乐休闲为目的的绿色生态园林。动物园的类型包括：附属在大型综合性公园里的动物园和动物角；单独设立的、规模较大的动物园；大型的、不以展出物种本身为目的，而是以自然保护和环境关注为目的的野生动物园。

#### 1. 分区要点

动物园一般分为动物陈列区和后勤管理区。动物陈列区通常有以下方式：按动物地理分布排列，按动物进化系统排列，混合式排列。

#### 2. 布局要点

（1）出入口

主要进出口应与城市的交通干线直接联系，应有一定面积的内、外集散广场和停车场。

（2）动物陈列区

兽舍大小组合、集零为整，组成一定体量的建筑群，室内、室外动物活动场地结合，便于游人观赏和动物园总体艺术风貌的形成。

（3）后勤管理区

和动物陈列区有较好的交通联系，但本身具有较弱的视觉引导力，做到既便于饲养管理，又不成为风景构图的重心。

（4）竖向设计

充分利用地形和通过地形改造与创造地形满足不同生活习性的动物的需要，同时创造优美的自然山水景观。

（5）道路

园内主道路应当是最主要、最明显的导游线，能明显和方便地引导游人参观展览区。

3. 建筑设计要点

建筑应和地形、地貌有机结合、融为一体，造型质朴粗犷、充满野趣。

4. 植物设计要点

第一，有利于创造动物的良好生活环境和模拟动物原产区的自然景观。

第二，动物活动范围内应种植对动物无毒、无刺、萌发力强、病虫害少的中慢生种类。

第三，创造有特色植物景观和游人参观休憩的良好环境。

### （七）森林公园景观设计要点

森林公园既不同于风景名胜区，又有别于林业生产区。它以开展森林旅游为主体，同时强调保护绿化、调整林分结构、美化景区环境、创造特色森林景观和保护珍稀动物，是生态效益与经济效益相结合的一种景观形式。

1. 分区要点

根据不同的风景资源进行分区，一般分为以下功能区：

（1）管理接待区

以旅游接待服务和旅游管理为主要功能。

（2）森林游憩区

以登山涉远、戏水探幽等游览活动为主要内容。

（3）森林度假区

提供绿树掩映、回归自然的居住和生活方式。

（4）森林野营区

创造平静和谐、浪漫随意的野外生活空间。

2. 布局要点

（1）管理接待区

直接和公园主入口联系，是全园的后勤依托，和其余各区均有功能联系。

（2）森林游憩区

森林游憩区是公园的游览主体，应根据风景资源的分布和组合，建立相应的景观序列。

（3）森林度假区、森林野营区

森林度假区、森林野营区和管理接待区有一定的功能联系，又要和森林游憩区有空间视觉联系。

（4）竖向设计

充分利用原有地形、地貌，追求山林野趣，不做或尽量少做地形改造。

（5）园路

在注意各功能区之间交通功能联系的同时，应更加注意园内主路的导游性。尤其是森林游憩区，应精心选择游览路线、组织景观序列。

3. 建筑设计要点

充分体现地域性特色，小体量和环境地形有机结合。

4. 植物设计要点

第一，植物规划的重点是保护和营造地带性植被群落。

第二，结合植物的观赏、科研、防护、保健、生态等功能，充分体现森林旅游的多功能性。

第三，在重点地段应选择乡土观赏树种，注意四季景观。

# 第五节 滨水带景观设计

## 一、滨水区景观的特征及开发动因

### （一）滨水区景观的特征

第一，具备较高的生态价值。滨水带和水与岸相交接的地方创造了多样的生境，从生态学角度看，这些地方是孕育各种生物的重要场所。

第二，景观形象。海岸线蜿蜒多变，波涛闪耀，营造出明显的虚实对比。这也是路径、节点、区域、边界、地标五个基本构成要素中的边界。

第三，具备休闲的功能，可以开展各种如游泳、划船、钓鱼等户外活动。

第四，有着较强的吸引力。人们往往会对滨水带有着浓厚的兴趣。

### （二）滨水区开发的动因

滨水区的复兴、开发作为一种综合性活动，其实质涉及经济、环境、社会等方面，是一种典型的城市建设活动。

1. 经济因素

在城市发展的过程中，城市会积极探索各种机遇，在出现的发展机遇中，土地是重要因素。开发闲置的工业用地、交通用地，可以实现财力和精力上的节约。因为这样不会涉及大规模的居民动迁问题，并且对于政府来说，也愿意将空置的滨水土地卖给开发机构；对于开发机构来说，也愿意用低价购买来推动开发。多个大城市纷纷将目光转向滨水区的开发，原因在于该区低廉的土地价格和优越的位置条件。通过开发滨水区，政府希望带动城市经济的增长，实现地区振兴，这直接与"后工业社会"中第三产业的兴起有关。

2. 社会因素

近几十年，得益于"全球文化"对旅游、休憩和户外活动的积极倡导与推广，人们出现越来越多的开放空间消费需求。滨水地区与水面相邻，并且有着非常开阔的视野，成为人们休闲、旅游、锻炼的好去处。在很多国家中产阶级开始崛起，并且随着生产力的提高，人们的劳动方式发生了变化，这使得越来越多的人有了空闲时间，出现了所谓的"文化旅游"和"生态旅游"。北欧式购物中心正向全球推广，在滨水区打造多元化的娱乐、配套设施，包括商店、快餐、餐厅和咖啡馆等，这些也吸引了周围地区的人们来游玩，以上这些因素共同造就了巨大的市场。

当前世界范围内的航空业、通信业实现了高速发展，人们出行更加方便，在世界各地来回穿梭、交流信息。全世界许多建筑师、政府官员和房地产开发商都被过去北美早期成功的案例所吸引，学习和借鉴这种经验，获得了大量的一手资料，也拥有了亲身体验。就相关信息来说，图书、会议、影像图片等可以实现在更大范围人群中的信息传播。

公共性节庆活动不断增多，一般来说，这种节庆活动接近或者发生在城市主要的滨水区。滨水区不仅有公园绿地，还有广场等表演场地，为居民聚集提供了场地。滨水区也可以举办各种庆祝活动，成为人们欣赏艺术的主要舞台。一般来说，滨水区会举办如音乐节、航行节、美食节等节日活动，也会举办露天演出或者体育比赛。

3. 环境因素

随着经济的发展，人们的环保意识不断增强，环境治理在政府的重视以及工业和码头的迁移背景下初见成效，水体越来越清洁，空气越来越清新，实现了环境质量的提高，滨水区开发走向了成功，这也意味着"近水"重新被人们所关注和喜爱，具有较强的吸引力。

4. 文化因素

随着经济的持续增长，人们对文化的期望越来越高。人们并不满足于过去流行了多年的现代建筑形式，越来越注重自身个性化的追求，怀念历史建筑的丰富和精雕细琢，对其中蕴含的人文底蕴有所向往，于是开始追求对历史建筑物的重新修复与利用。当前旅游中的热点历史旅游和文化旅游吸引了旅游部门的注意，他们紧随时代的发展在维修历史建筑物时提供了相应的资金支持，旅游部门对于历史建筑保护和开发的兴趣在不断加深。这种对历史建筑的高度关注与兴趣在滨水区的开发中也有所体现。比如，欧美国家出现了修缮热，主要是对滨水旧仓库、旧建筑的修缮。在巴尔摩内港区，原来的发电厂经过改造变成了科学历史博物馆；在悉尼，"The Rooks"项目实现对旧仓库的改造，改造成商业购物街，具有鲜明的特色；在新加坡，改建"船艇码头"时对东方特色的旧建筑进行了保留，形成了东方式商业街，成为当前最吸引游客的重要场所。

5.政策因素

在各发达国家的滨水区开发中，政府通常会出台一系列引导性政策和法规对其进行干预，以促进这些大型工程的顺利实施并实现预期目标。

## 二、滨水区景观设计原则

滨水景观复兴、开发的重要性在于它能充分体现城市的独特意象，提供城市富有特色、最具活力的公共空间，同时创造新的经济增长点。滨水区景观设计遵从如下原则：

**（一）整体性原则**

首先，滨水区是城市的一部分，切忌将滨水区规划成一个独立体，而忽视了它和城市的关系。滨水空间应与城市开放空间体系有机结合，将市区的活动引向水边。其次，对于滨水区的空间格局，如果我们使用点、线、面的关系进行形象比喻，我们就应该在整个"景观带"的层次上考虑"景点"设计，对于"景观带"的设计应该将其放置在整个城市这个"面"上进行考虑。我们在此引用美国著名城市设计师巴纳特的话来进行概括，即"每个城市设计项目都应放在比此项目高一层次的空间背景中去审视"。

**（二）易达性原则**

应让使用者能无阻碍地进入滨水区，并在区内参与各项活动、分享活动资源。车行、步行系统既要满足过境、防洪等功能要求，又要满足滨水区与市区交通联系的要求，以及滨水区内部交通、导游和划分景区的功能要求。

### （三）多样性原则

滨水区内的土地使用具有多样性和混合性，土地使用形态功能的单一片面易造成滨水区与城区的隔离和分化。将酒吧、商业零售、游乐饮食、办公居住等功能融合在一起，在滨水区创造出多功能活动空间，使其24小时持续有人流和活动，有利于增强该区的活力。

### （四）共享性原则

滨水区是景色优美的地段，该地区的土地应该为公众所有，并且用于开放给大众使用，包括但不限于游乐、商业、休闲等项目。滨水区岸线被旅馆、商贸、住宅等项目独占，这是违背公共空间的规划原则。

### （五）观赏性原则

穿越滨水区形成的带状空间是人们体验城市意象的主要场所。滨水区是形成城市景观特色的主要地段，此岸与彼岸是"观与被观"的关系。丰富滨水空间形态，形成不同主体的空间序列是本原则的具体体现。

### （六）生态性原则

滨水区是景观生态空间格局中的重要组成部分。自然界是由水体、河床、河漫滩、自然堤、阶地、河谷、植被、支流、湿地以及动物等构成的复杂的网络系统，滨水区是生态敏感地段，应用有效的措施保护。

## 第六节　其他类型景观设计

### 一、企事业单位景观设计

企事业单位景观设计主要包括：工矿企业园林绿地景观设计，机关事业单位景观设计，学校景观规划设计，医疗机构景观规划设计等。

### (一)工矿企业园林绿地景观设计

工矿企业园林绿地指工矿企业专项用地内的绿地,其主要的功能是将如烟尘、粉尘及有害气体等有害物质对工人以及附近居民的危害降到最低,对空气中的温度、湿度等进行调节,降低噪声、防风、防火等发生的概率。工矿企业园林绿地可以有效改善工矿企业的生产环境,并且有利于进行安全生产,进一步提高产品的质量。

### (二)机关、事业单位景观设计

机关公共事业单位专项用地内的绿地,随公共事业性质的不同而不同,如机关单位、学校、医疗机构、影剧院、博物馆、火车站、体育馆、码头等附属绿地。

1. 功能与特点

机关单位绿化的主要功能是为机关工作人员和到访市民提供一个舒适的工作环境。

2. 机关单位绿化规划原则

第一,注重所处城市地段的整体风格和肌理,与周边环境相协调,融入城市景观。

第二,绿化风格应与单位建筑布局环境相协调。

第三,有利于形成简洁高效的办公环境。

### (三)学校景观规划设计

1. 学校景观设计的作用

第一,学校景观可以为教师和学生营造良好的工作和学习环境,具有防暑、防寒、防风、防尘、防噪的功能。

第二,通过在校园中增加绿色植物和美丽的景观,陶冶学生的情操,激发学生的学习兴趣,寓教于乐。

第三，学校景观可以为师生提供休息的场所、娱乐的场所以及进行体育活动的场所。

第四，学生可以在校园中了解植物材料，实现自身科学知识的丰富，有助于提升学生对自然的认识能力，丰富知识储备。

2. 学校景观设计的特点与设计原则

学校景观设计主要是校园绿化，在设计的过程中，应该从学校自身实际出发，因地制宜，精心设计与施工，只有这样，才能呈现出具有特色的效果，实现学校景观设计的最优化。

（1）学校景观设计与学校性质和特点相适应

校园绿化要在遵循一般的园林绿化原则的基础上，兼顾学校的性质、规模和类型，如农林院校要与农林场结合，文体院校要与活动场地结合，中小学校要体现活泼向上的特点。

（2）校舍建筑功能多样

校园的建造环境多种多样，校园绿化创造出的绿化环境应该可以实现与不同风格类型建筑的融合，实现自然的绿色景观与人工建造的景观之间的协调与统一，实现艺术性、功能性以及科学性之间的融合。

（3）师生员工具有非常强的集散性

在学校中有着众多学生，并且学生各种活动非常多且集中，如上课、训练、集会等，因此，学校有对大量的人流进行疏散和聚集的场地需求。校园绿化也需要考虑到学校的实际需求，即使环境再美，也需符合学生活动的特点，否则环境可能被破坏。

（4）学校所处地理位置、自然条件、历史条件各不相同

每一所学校都有着不同的自然和历史条件，有着不同的地理位置，学校绿化应对此进行考虑，因地制宜进行设计与规划，据此选择植物种类。如果学校在低洼地区，应考虑选择适应潮湿环境或抗水浸的植物。而学校中具有的富有历史意义或纪念意义的场所，我们可以考虑创建纪念景观，栽植纪念树，或者保持原有面貌。

（5）绿地指标要求高

根据国家规定，每人应有7～11平方米的绿地，并且高校的绿地覆盖率应超过30%。在未来，高校新建和扩建都应该以此为目标来进行。高校绿地率如果结合了教学、实习园地，就可以达到绿化指标（30%～50%）。

(四) 医疗机构景观规划设计

1. 医疗机构绿地的功能

医疗机构绿地的主要功能是卫生防护，辅助功能为康复休闲，为病人创造一个优美的绿化环境，以利于身心恢复。

2. 医疗机构绿地规划设计的基本原则

第一，应与医疗机构的建筑布局相一致，布局紧凑。

第二，建筑前后绿化不宜过于闭塞，以便于辨识病房、诊室等。

第三，全院绿化面积占总用地的70%以上。

## 二、生产及防护绿地景观设计

(一) 生产绿地景观设计

生产绿地指圃地，主要为城市的绿化提供苗木、花草、种子，具体包括苗圃、花圃、草圃等。

在城市的绿地系统中，生产绿地是重要的组成部分，会对城市中其他绿地产生直接的影响，如影响绿化面貌、绿化效果，关乎绿化质量。生产绿地的功能主要体现在城市绿化的生产基地、城市绿化的科研基地、供游人观赏游览和改善城市生态环境几个方面。

(二) 防护绿地景观设计

防护绿地有城市防风林带、安全防护林带、卫生隔离带、城市组团隔离带、城市高压走廊绿带等，其设置来自城市对于安全的需求、对于卫生与隔离的需求，主要是在城市面对自然灾害和城市危害的时候，可以减轻危害程度，实现在自然灾害下城市的防护。

1. 城市防风林带

城市防风林带可以在出现强风时减少粉尘、砂土等对城市的危害。

2. 卫生防护林带

为了减少产生污染源地区对城市中其他地区的干扰，我们需要设置卫生防护林带。一般来说，在城市中，工厂、污水处理厂、垃圾处理站、殡葬场、城市道路等会产生有害气体、气味、粉尘、噪声等污染源，这些会对城市环境产生污染，不利于人们的健康生活。鉴于此，应在城市中设置卫生防护林带，将城市其他区域与这些可以产生污染源的区域隔离开，尤其是城市居民区，必须有卫生防护林，以便保护人们的健康。

3. 安全防护林带

设立安全防护林带旨在预防和减少自然灾害（如地震、火灾、水土流失、滑坡等）的损害程度。城市中的各种自然及人为灾害将对人们的生活造成极大影响，并对人们的生命及财产安全形成威胁，因此城市中易发生各种灾害的地区必须设置安全防护林带，以提升城市抵抗各种灾害的能力。

4. 城市组团隔离带

随着城市的发展，城市建成区往往会成为人口集中、生产集中、交通集中的区域。为了缓解城市建成区过度拥挤这一局面带来的城市建成区环境质量下降的问题，近年来出现一类新型的防护绿地，即城市组团隔离带。城市组团隔离带是在城市建成区内以自然地理条件为基础，在生态敏感区域规划建设的绿化带。

近几年的实践证明，城市组团隔离带在改善城市生态环境中发挥了良好的作用，城市组团隔离带的建设是城市园林绿地建设的新方向，也是城市绿地系统可持续发展的重要举措。

# 参考文献

[1] 李奇. 城市道路景观设计 [M]. 重庆：重庆大学出版社，2022.

[2] 杨玉培. 风景园林植物造景 [M]. 重庆：重庆大学出版社，2022.

[3] 谷康，徐英，潘翔，等. 城市道路绿地地域性景观规划设计 [M]. 南京：东南大学出版社，2018.

[4] 李永昌. 景观设计思维与方法 [M]. 石家庄：河北美术出版社，2018.

[5] 刘滨谊. 现代景观规划设计 [M]. 南京：东南大学出版社，2017.

[6] 刘丽雅，刘露，李林浩，等. 居住区景观设计 [M]. 重庆：重庆大学出版社，2017.

[7] 公伟，武慧兰. 景观设计基础与原理 [M]. 北京：中国水利水电出版社，2016.

[8] 张大为. 景观设计 [M]. 北京：人民邮电出版社，2016.

[9] 刘磊，朱晓霞，唐贤巩，等. 园林设计初步 [M]. 重庆：重庆大学出版社，2015.

[10] 刘骏，李旭，徐海顺，等. 居住小区环境景观设计 [M]. 重庆：重庆大学出版社，2014.

[11] 诸寅. 基于生态型社区的景观设计研究 [J]. 江西建材，2023（12）：217-218，221.

[12] 陈冰晶，王晓俊. 植物景观规划设计方法论研究述评 [J]. 风景园林，2023，30（S2）：62-67.

[13] 卢月桂. 住宅区景观设计的人性化理念与应用 [J]. 住宅与房地产，2023（36）：83-85.

[14] 刘梦鸽. 城市公共空间景观设计研究 [J]. 美与时代（城市版），2023（10）：89-91.

[15] 李银凤，黄小红. 生态优先视角下城市滨水景观设计及要点思考 [J]. 居舍，2023（25）：122-125.

[16] 赵雪蕊，李良. 基于心理学角度的景观设计方法探析 [J]. 现代园艺，2023，46（17）：152-154.

[17] 林雅羡. 城市绿地景观设计 [J]. 江苏建材，2023（3）：63-64.

[18] 武让. 纪念性公共景观设计研究 [J]. 工业设计，2022（11）：110-112.

[19] 丁笑菊. 现代园林景观设计中新中式文化元素的应用 [J]. 现代园艺，2022，45（21）：111-113.

[20] 孙明博. 大学校园景观设计研究 [J]. 新美域，2022（10）：90-92.

[21] 郁珊珊. 基于多元视角的城市道路景观研究 [D]. 南京：南京林业大学，2023.

[22] 梁娟. 基于红色文化的纪念性景观设计研究 [D]. 济南：山东建筑大学，2023.

[23] 陈妍. 基于认知发展理论的儿童公园景观设计研究 [D]. 济南：山东建筑大学，2023.

[24] 叶璐瑶. 高校校园景观空间活力提升策略研究 [D]. 西安：西安建筑科技大学，2023.

[25] 贺舒雅. 基于人与环境匹配理论的综合医院景观设计研究 [D]. 西安：西安建筑科技大学，2023.

[26] 张震. 城市公园儿童游戏空间自然式改造设计研究 [D]. 徐州：中国矿业大学，2023.

[27] 王尉. 交互设计理念下的城市广场景观设计研究 [D]. 长春：长春工业大学，2020.

[28] 王文然. 城市广场中步道景观的设计研究 [D]. 济南：山东建筑大学，2018.

[29] 梁婧. 基于地域文化的城市滨水景观设计研究 [D]. 天津：河北工业大学，2017.

[30] 姜雨薇. 北方城市滨水景观规划设计研究 [D]. 沈阳：鲁迅美术学院，2015.